PAOCAI
ZHIZUO
YIBENTONG

泡菜制作一本通

曾 洁 高海燕 穆 静 主编

U0231436

化学工业出版社

·北京·

本书主要介绍了泡菜生产中常用原辅料的品种及特点、加工原理、调味与保脆、加工工艺与配方、操作要点、质量控制等内容，具有较强的实用性。

　　本书可供泡菜生产企业技术人员、一线工人参考，也可供食品相关专业师生以及对泡菜制作感兴趣的人员参考。

图书在版编目（CIP）数据

　　泡菜制作一本通/曾洁，高海燕，穆静主编. —北京：
化学工业出版社，2020.2（2025.3重印）
　　ISBN 978-7-122-35831-8

　　Ⅰ.①泡⋯　Ⅱ.①曾⋯②高⋯③穆⋯　Ⅲ.①泡菜-
蔬菜加工　Ⅳ.①TS255.54

　　中国版本图书馆 CIP 数据核字（2019）第 275556 号

責任编辑：彭爱铭　　　　　　　　装帧设计：张　辉
責任校对：边　涛

出版发行：化学工业出版社（北京市东城区青年湖南街 13 号　邮政编码 100011）
印　　装：北京科印技术咨询服务有限公司数码印刷分部
850mm×1168mm　1/32　印张 7¼　字数 187 千字
2025 年 3 月北京第 1 版第 8 次印刷

购书咨询：010-64518888　　售后服务：010-64518899
网　　址：http://www.cip.com.cn
凡购买本书，如有缺损质量问题，本社销售中心负责调换。

定　　价：39.00 元　　　　　　　　　　版权所有　违者必究

凡是以新鲜蔬菜等为主要原料，添加或不添加辅料，经食用盐或食用盐水渍制等工艺加工而成的蔬菜制品都称为泡菜。泡菜品种繁多，主要有中式泡菜、韩式泡菜、日式泡菜等。中式泡菜中最有名的是四川泡菜，四川泡菜在我国市场占有率位居第一，产品远销日本、韩国、美国、澳大利亚、欧盟、东南亚等近 20 多个国家和地区。只要有华人集中居住的地方就有四川泡菜的身影。随着人们膳食结构的调整、泡菜保健功能的开发以及泡菜文化的弘扬和发展，泡菜的市场需求呈现出不断增长之势，具有很好的发展前景。

编者在编写过程中将传统工艺与现代加工技术相结合，内容全面具体，条理清楚，通俗易懂，可操作性强。本书可供从事泡菜食品开发的科研技术人员、企业管理人员和生产人员学习参考使用，也可作为大中专院校食品科学相关专业的教学参考用书。

本书由曾洁、高海燕、穆静主编。河南科技学院曾洁主要负责第一章、第三章的编写；河南科技学院高海燕、信阳农林学院李飞和信阳职业技术学院陈梦雪主要负责第四章的编写；锦州医科大学穆静主要负责第二章、第五章的编写；河南科技学院杨伟、娄文娟主要负责第六章的编写；河南科技学院苏同超主要负责第七章的编写。

编者在编写过程中参考了大量资料文献，在此对原作者表示感谢，同时得到化学工业出版社的大力帮助和支持，在此致以最真挚的谢意。

由于作者水平有限，不当之处在所难免，希望读者批评指正。

编　者

2019. 10

目录

CONTENTS

第三章　泡菜加工原理 / 014

第五章　其他地区泡菜/166

第六章　韩式泡菜 / 186

第七章　泡菜保藏及质量控制 / 206

第一章

泡 菜 概 述

第一节　泡菜定义和分类

一、泡菜定义

以新鲜蔬菜等为主要原料，添加或不添加辅料，经食用盐或食用盐水渍制等工艺加工而成的制品就叫做泡菜。

二、泡菜的分类

1. 按加工工艺分类

中式泡菜按加工工艺可分为泡渍类、调味类和其他类。

（1）泡渍类　以新鲜蔬菜或盐渍菜为原料，添加或不添加辅料，经（低浓度）食盐水泡渍发酵，然后配以泡渍液或调配液等加工制成的泡菜。泡渍类泡菜也称发酵泡菜或汤汁泡菜，食盐水泡渍发酵后，水菜不分离。

（2）调味类　以新鲜蔬菜或盐渍菜为原料，添加或不添加辅料，经食盐（或食盐水）渍制，然后进行整形、脱盐、调味、灌装等加工而制成的泡菜。调味类泡菜也称方便泡菜，食盐渍制后经脱盐脱水、调味而成。

（3）其他类　以其他新鲜蔬菜植物（食用菌、豆科类、海藻类、山野菜等）为主，选择配以畜禽肉、水产品等为辅，经食用盐或食用盐水泡渍发酵，然后整形、调味、灌装等加工而制成的泡菜。

2. 按加工原料分类

（1）叶菜类泡菜　如白菜、甘蓝等。

（2）根菜类泡菜　如萝卜、大头菜等。

（3）茎菜类泡菜　如莴笋、榨菜等。

（4）果菜类泡菜　如茄子、黄瓜等。

（5）食用菌泡菜　如木耳等。

（6）其他类泡菜　如泡凤爪、泡猪耳朵等。

3. 按食盐含量分类

（1）超低盐泡菜　食盐含量＞4%。

（2）低盐泡菜　食盐含量 4%～5%。

（3）中盐泡菜　食盐含量 5%～10%。

（4）高盐泡菜　食盐含量 10%～13%。

4. 按产品风味分类

（1）清香味　风味清香，口味清淡，突出蔬菜本身香味。

（2）甜酸味　口味既呈甜味又呈酸味。

（3）咸酸味　口味既有咸味又有酸味。

（4）红油辣味　泡菜液带红色，且有辣味。

（5）白油味　泡菜液呈白色或浅色，突出蔬菜本身香味。

5. 按泡菜生产的国家分类

（1）中国泡菜　中国泡菜是指在中国地域制作生产的泡菜，以四川泡菜为代表。四川泡菜又以成都市新都区新繁镇生产的"新繁泡菜"和眉山市东坡区生产的"东坡泡菜"或"眉山泡菜"为代表。中国泡菜生产加工主要特点是"泡渍发酵"，突出"乳酸发酵"和"泡"，产品"新鲜、清香、嫩脆、味美"。

（2）韩式泡菜　韩式（韩国）泡菜是以大白菜为主要原料，辅以其他蔬菜原料，经整理、切分、盐渍和调味后发酵而成。韩国泡菜的生产一般添加红辣椒粉、大蒜、生姜、虾酱等调料与蔬菜一起进行低温腌渍发酵，突出"腌"。韩国泡菜历史悠久，营养丰富，世界闻名。

（3）日式泡菜　日式（日本）泡菜是以蔬菜、果实、菌类、海藻等为主要原料，使用盐、酱油、豆酱、酒粕、曲、醋、糠等材料渍制而成的产品。日本泡菜制作生产一般用"调味液"进行"渍"，突出"渍"。

第二节　做好泡菜的基本要求

一、泡菜原料及预处理

泡菜制品，要求外形美观，大小均匀，色泽鲜艳，鲜、香、脆、嫩。因此对各种蔬菜原料的品种、规格、质量，也应有一定要求。

1. 对蔬菜品种的要求

制作酱腌菜的品种多以不怕压、挤，含水量较少，肉质坚实的品种为原料；而制作泡菜则多选用鲜嫩、质脆的蔬菜为原料。有些含水分较多、怕挤怕压、易腐烂的蔬菜，如成熟度高的番茄就不宜腌制。有些蔬菜含有大量纤维素，如韭菜，经腌制水分渗出后，只剩下粗纤维，既无营养，又无味道。这些品种显然不适于加工泡菜。

2. 对蔬菜规格的要求

作为泡菜原料的蔬菜，其菜体的大小、轻重和形状直接影响泡菜的感官及生产周期。

3. 对蔬菜新鲜度的要求

蔬菜原料的新鲜程度也是原料品质的重要标志。原料新鲜，经加工后不仅其营养成分保存多，而且可以保持鲜嫩和原有的风味。新鲜的蔬菜若不及时加工，其营养成分就会随着水分的消失而消耗掉一部分，发生老化现象。这种放置老化的蔬菜，不适宜用作原料。

蔬菜的新鲜程度还与其成熟度有着密切的关系。蔬菜的成熟度也是原料品质与加工适应性的标准之一。蔬菜的老嫩、口味、外形、色泽都与成熟度有关。选用成熟度适当的原料进行加工，产品的质量高，原料的消耗也低；成熟度不当，不仅影响制品的质量，同时还会给加工带来困难。

为了保证制品的质量，一定要严格掌握采收期，并注意适时加工。对泡菜原料的选择除有上述要求外，还应当注意尽量避免在采收和运输过程中的机械损伤，否则由于造成开放性伤口，致使大量微生物侵染菜体，蔬菜的脆硬度下降，甚至会造成蔬菜腐烂变质。为尽量保持原料的新鲜完整，原料基地距工厂越近越好。

4. 注重预处理

新采收的蔬菜往往表皮附着泥沙、微生物、寄生虫等。因此，应特别注意洗涤，尤其是嫩姜、青菜头之类难以洗涤的菜品，因其芽瓣或皮层裂痕、间隙处藏着不少污物，要反复清洗多次，才能洗净。同时，操作中应注意勿损伤菜品；必要时可用刀削去粗皮、伤痕、老茎和挖掉心瓢后泡制。

二、泡菜水和盐水的要求

1. 泡菜水的要求

泡菜加工需要大量用水，诸如原料和容器的洗涤，设备的清洗，原料的烫煮、冷却和漂洗，配制溶液（盐水、糖浆等），杀菌消毒后的冷却，地面的冲洗等，都离不开水。

（1）**卫生要求** 泡菜加工的一切用水都必须符合国家饮用水卫生标准，保证澄清透明，无悬浮物质，无臭、无色、无味，静置无沉淀，不含重金属盐类，更不允许任何致病菌及耐热性细菌的存在。

（2）**硬度** 水的硬度对加工成品的影响也很大。水的硬度取决于水中所含钙盐和镁盐的多少。泡菜加工时对水的硬度要求随加工工艺不同而不一样，但一般以硬水为宜，因为硬水中的钙盐可增进这类制品的脆度，保持蔬菜的形态。

2. 泡菜盐水的要求

泡菜盐水是指经调配后，用来泡制成菜（原料）的盐水。它包括老盐水、洗澡盐水、新盐水和新老混合盐水。

（1）老盐水　老盐水是指使用两年以上的泡菜盐水，pH 值约为 3.7。这种盐水色、香、味俱佳，多用于接种（配制新盐水的基础盐水），故亦称母子盐水。由于配制、管理等方面的原因，老盐水质量也有优劣之别，其鉴别方法见表 1-1。

表 1-1　老盐水优劣鉴别表

盐水等级	鉴别方法
一等	色黄红，似茶水，清澈见底；香气醇香扑鼻，闻之舒畅；味浓郁芳香
二等	轻微变质，但尚未影响盐水色香味，经救治而变好
三等	不同类别、等级的盐水混在一起
四等	盐水变质，经救治后其色、香、味仍不好（应当丢弃）

（2）洗澡盐水　洗澡盐水是指经短时间泡制即食用或边泡边吃的泡菜使用的盐水。洗澡盐水的 pH 值一般在 4.5 左右。用此盐水成菜，要求时间快，断生即食，故盐水咸度稍高。

（3）新盐水　新盐水是指新配制的盐水。pH 值约为 4.7。

（4）新老混合盐水　新老混合盐水是将新、老盐水各一半配合而成的盐水，pH 值大约是 4.2。

三、温度

在泡制发酵过程中，要保持在室温 20℃ 左右，这样乳酸菌比较适宜繁殖，菜品不容易腐败。

四、卫生条件

1. 泡菜工厂卫生

我国对食品企业生产环境有严格的要求，泡菜生产加工企业也不例外，参考质量安全相关要求，结合泡菜生产加工实际，现代泡菜生产加工企业的环境包括企业周围环境和企业内部环境，有以下要求。

（1）**泡菜企业周围环境**　选择在环境卫生状况比较好的区域建厂，企业不得设置在污染区或易遭受污染的区域。泡菜企业须注意要远离粉尘、有害气体、放射性物质和其他扩散性污染源。泡菜企业也不宜建在闹市区和人口比较稠密的居民区。泡菜企业所处的位置应在地势上相对周围要高些，以便企业废水的排放和防止企业外污水和雨水流入企业内。

（2）**泡菜加工车间管理**

① 加工车间屋顶应坚固、耐用，防雨、防晒，无脱落，车间地面清洁、平整、无积水，并应有防蝇、防虫、防鼠等措施。

② 加工车间地面宜采用地砖、树脂或其他硬质材料，应进行地面硬化处理。地面易排水，排水口应设置地漏。

③ 加工车间门窗生产中需要开启的窗户，应装设易拆卸清洗且具有防护产品免受污染的不生锈的纱网。室内窗台的台面深度如有 2cm 以上者，其台面与水平面的夹角应达到 45°以上，未满 2cm 者应以不透水材料填补其内面死角。门窗设置防蝇、防尘、防虫、防鼠等设施。

④ 加工车间墙壁应平整、光洁，无脱落。应采用无毒、不吸水、不渗水、防霉、平滑、易清洗的浅色材料构筑，车间墙面应贴不低于 1.5cm 高的白色瓷砖墙裙。

（3）**加工设施及工具管理**

① 应具备与生产加工相适应的加工机器和工具、设施。应定期对生产加工机器、工具进行清洗、消毒。生产加工过程中重复使用的设施、工具应便于清洗、消毒。

② 凡直接接触泡菜物料的机器和工具及设施，必须用无毒、无味、抗腐蚀、不吸水的材料制成。

③ 计量器具须经计量部门鉴定合格，并有有效的合格证件。

④ 陶坛、盐渍池

A. 陶坛　陶坛应内外壁光滑，干净，无砂眼，无裂纹，以防渗漏水现象。

B. 盐渍池 采用混凝土构筑的盐渍池，池的内壁（即接触蔬菜等食物料壁）需贴耐酸碱瓷砖或涂环氧树脂或涂无毒无味抗腐蚀涂料，以防腐、易清洗。不锈钢制造的盐渍池，内壁不需处理。

2. 生产工人卫生

（1）清洁加工人员卫生

① 从事清洁生产加工人员应经卫生知识培训，每年必须进行健康检查，持有效健康证明的才能上岗。

② 从事清洁生产加工（含成品包装）的人员，应穿戴清洁的工作服、帽、鞋、围裙、套袖等，直接接触食品的还应戴口罩，手指甲应修剪整齐，不得藏污纳垢，不得佩戴饰物。

③ 上岗作业前，应洗手消毒。

（2）排污及除虫灭害

① 生产加工过程中产生的废水的排放应达到 GB 8978 标准要求。

② 生产加工过程中产生的污物及废渣、废料应置于带盖的专用容器中，做到班产班清，并定期对容器清洗、消毒。

③ 应定期对生产车间及周边环境进行除虫灭害工作，采取有效的措施防止鼠类、蚊蝇、昆虫等的聚集和滋生。

（3）清洁加工卫生设施管理

① 车间（或清洁区）的入口处应设有更衣室，宽敞整洁，应有足够的空间和数量足够的个人用衣物架及鞋柜等。

② 洗手设施应在车间（或清洁区）的入口处、洗手间出入口和其他方便员工及时洗手的地点，根据员工多少设置足够数目。洗手消毒间用的水龙头，不得采用手动开关，可采用脚踏、触及或感应等开关方式，以防止已清洗或消毒的手部再度受污染。必要时应提供温水，应有鞋靴消毒池。

③ 与车间外侧相连的卫生间应设有冲水装置和洗手消毒设施，并配有洗涤用品和干手器。卫生间要保持清洁卫生，门窗不得直接

开向车间。

3. 生产工艺卫生

（1）生产工艺卫生要求

① 在预泡制、泡渍发酵或盐渍的过程中，应定时监测蔬菜颜色、气味等变化并采取相应的措施；定时监测食盐、总酸、pH 等数据及其变化情况并采取相应的措施；及时清除盐渍池液面可能出现的"霉花浮膜"，保证液面的清澈。

② 在预泡制、泡渍发酵或盐渍的过程中，不得有任何异杂物（例如，包装用编织袋、塑料袋、纸袋、绳带等）入盐渍池（或陶坛）内。

（2）原辅料的卫生要求　原料的好坏直接影响产品的卫生质量，因此对蔬菜原料应进行严格的选择。适用原料在加工之前一定要彻底清洗干净，并除净污泥、细菌和农药等污染物，对于不易消除污染的原料应坚决废弃，不能使用。

（3）严格控制食品添加剂的用量　食品添加剂是在食品生产、加工、保藏等过程中有意加入和使用的少量化学合成物或天然物质，这些物质不是食品的天然成分。它们或可防止食品腐败变质，或可增强食品感官性状，大多没有营养价值。甚至有些化学合成的添加剂有微毒，食用多了有害无益，必须按照国家标准严格掌握用量。在泡菜加工中最常使用的是防腐剂、甜味剂和色素等。

（4）运输工具和贮存设施

① 运输工具应清洁卫生，不得与有毒有害、有异味物品混装、混运，防止污染食品。

② 泡菜应贮存于阴凉、通风、干燥并具有防虫防鼠设施的专用仓库内，产品须离地离墙，便于通风换气。应根据产品特性，配备冷藏设施（如冷库等）。

第二章
调味料、香辛料及添加剂

第一节　调　味　料

一、蔗糖

蔗糖在蔬菜泡制过程中，可通过扩散作用进入蔬菜组织内部，使菜体内汁液的水分活度大为下降，便于贮藏。另外，也有利于调节菜品味道。

二、食醋

食醋也是蔬菜泡制时经常使用的调味料。在泡菜中加入醋，醋中的醋酸与相关物质发生酯化作用而产生芬芳的香气，能解腥膻味，去油腻。醋酸对细菌有抑制和杀灭的作用，可用来保存食品，起到防腐作用。

三、酒

调味用的酒主要是黄酒和料酒，还有葡萄酒、白酒等。酒里含有醇、醛、酯等致香成分，能散发出芳香的气味。

四、辣椒油

辣椒油是用干红辣椒与植物油经加热制成的，起调味、调香、调色作用。

五、味精

味精放在泡菜中，有鲜香味出现，提高了菜的鲜味。

第二节 香 辛 料

我国民间在制作泡菜时，常常要加入一些香辛料，例如生姜、辣椒、花椒、大蒜等。日韩泡菜也不例外，他们更注重香辛料和调味料的添加使用。在泡菜生产加工时添加香辛料，不但起到调味、调色等作用，而且本身还有不同程度的防腐杀菌作用，可延长泡菜的保质期。

一、花椒

花椒具有一种特殊的香味和麻辣味，是烹菜、拌菜、腌菜和泡菜的主要调味品之一，尤其在川菜中，花椒似乎是不可缺少的调味料。

二、八角

八角又称大茴香或大料，具有特殊的香味，多用于调味，有促进食欲的作用。

三、小茴香

小茴香简称小茴，形似大麦，两端稍尖，外表光滑，色绿中带黄，有辛辣香气。

四、胡椒

由于采摘时机和加工方法不同，胡椒可分为白胡椒和黑胡椒，具有提味、增香、除异味的作用。

五、大蒜

大蒜味辛辣，具有去腥、解腻、增香、杀菌、开胃的作用。

六、姜

姜含有辛辣及芳香成分，具有去腥除异、提辣增香、调和滋味的作用。

第三节　添　加　剂

一、防腐剂

1. 苯甲酸钠

苯甲酸钠是一种常用的防腐剂，为白色的颗粒或结晶性粉末，无臭或微带安息香的气味，味微甜而有收敛性。一般使用方法是加适量的水将苯甲酸钠溶解后，再加入食品中搅拌均匀即可。

苯甲酸钠易溶于水。但使用时不能与酸接触，苯甲酸钠遇酸易转化成苯甲酸，若不采取相应措施，可沉淀于容器的底部。

2. 山梨酸钾

山梨酸钾为白色至浅黄色鳞片状结晶、结晶性粉末或粒状，有吸湿性，空气中可被氧化着色。

山梨酸钾对细菌和霉菌的抑制作用强，且毒性远比其他防腐剂低。酸性条件下防腐作用较强。

山梨酸钾因其低毒、易溶于水而被广泛使用。

二、酸味调节剂

1. 柠檬酸

柠檬酸的酸味是所有有机酸中最缓和而可口的酸味，所以广泛地作为酸度调节剂使用。其使用量可按原料含酸量、成品酸度指标等因素来掌握，一般为 $1.2 \sim 1.5 \mathrm{g/kg}$。

2. 醋酸

醋酸化学名称为乙酸，也可用作酸度调节剂，有杀菌作用。

国内食醋多用发酵法制成，具有独特香味，可用于生产酸泡菜等，使用量1%左右。

3. 乳酸

乳酸化学名称为 2-羟基丙酸，为无色至浅黄色糖浆状液体，几乎无臭或略有脂肪酸臭，味酸。乳酸有较强的杀菌作用，可防止杂菌生长，抑制异常发酵，但有特异性收敛性酸味，故使用范围不如柠檬酸广。

三、稳定剂和凝固剂

稳定剂和凝固剂能对加工原料起硬化作用，以保持其脆度和硬度，常用的有硫酸钙、氯化钙、乙二胺四乙酸二钠（EDTA）等。

1. 硫酸钙

硫酸钙为白色结晶性粉末，无臭，具涩味，微溶于甘油，难溶于水。

硫酸钙对蛋白质凝固作用比较缓和，能使产品质地细嫩、持水性好、有弹性。但因其难溶于水，易残留涩味杂质，在泡菜中使用不多。

2. 氯化钙

本品为白色硬质碎块或颗粒，无臭、微苦，易溶于水。氯化钙可凝固蛋白质，与果胶和多糖类凝胶化可使果蔬保持脆性和硬度，并起到护色作用。在泡菜中可按 0.05% 的比例加入。

3. 乙二胺四乙酸二钠

本品为白色结晶性颗粒或粉末，无臭无味，易溶于水，常温下稳定。本品可与铁、铜、钙、镁等多价离子螯合成稳定的水溶性络合物。实际使用中，本品可防止金属引起的变色、变质、变浊及维生素 C 氧化，与磷酸盐有协同作用。

四、甜味剂

1. 甜蜜素

甜蜜素化学名称为环己氨基磺酸钠，为白色粉状结晶体，性质稳定，易溶于水，具有甜度高（为蔗糖甜度的 50 倍）、口感好、无异味等特点。

2. 甘草酸苷

甘草酸苷系由甘草的根茎制得，纯品甜度为蔗糖的 200～250 倍，呈白色结晶状粉末，易溶于水，甜味在口中缓慢出现，回味时间较长。

3. 甜菊糖苷

甜菊糖苷从甜叶菊干叶中提取制得，属植物型甜味剂，甜度为蔗糖的 300 倍。经加工提制的甜菊糖苷混合物为白色粉末，性状稳定，不易分解，不易吸湿、加热，遇酸不变化，易溶于水，微带苦味。

甜菊糖苷安全性高，发热量极低，无发酵性，经热处理无褐变作用。但溶解速度慢，渗透性差，在口中残留味道的时间较长，不易被人体吸收。

4. 天冬酰苯丙氨酸甲酯

天冬酰苯丙氨酸甲酯也称阿斯巴甜，是一种二肽衍生物类甜味剂，呈白色结晶状粉末，微溶于水，其溶解度随温度升高而升高。甜度大约是蔗糖的 160～220 倍。甜味与蔗糖相似，无苦味或金属味的后味，甜味持续时间较长。

第三章

泡菜加工原理

第一节　泡渍原理

蔬菜在食盐水中泡渍与发酵，包含一系列复杂的物理、化学和生物变化，归纳起来主要有以下三方面的作用：第一方面是泡渍过程中，自始至终都存在着食盐的渗透作用，有很明显的渗透现象发生；第二方面是泡渍过程中有大量有益微生物生长、繁殖、衰灭，即微生物发酵作用贯穿泡渍过程；第三方面是泡渍过程中自始至终伴随泡菜原料发生的生化反应，即蛋白质的分解和醇酸酯化及苷类水解等作用。

一、食盐渗透

泡菜盐水是以食盐为主的水溶液，具有渗透力强、渗透速度快和高渗透压的特点。1%食盐溶液就可以产生 0.83MPa 的渗透压。

1. 渗透原理

由于食盐溶液的渗透压大于原料细胞液的渗透压，细胞的水分向外渗透，食盐向内渗透，细胞内外泡渍溶液的渗透作用加强。当细胞内外溶液浓度基本一致时，即达到渗透扩散相对平衡，这种渗透扩散作用就会停止，表明渗透过程结束，泡菜产品初步达到成熟。

食盐在蔬菜的泡渍中起防腐、脱水、变脆、呈味等作用，这些作用的大小与食盐的浓度成正比。细胞在等渗压的食盐溶液中（即泡渍溶液中的渗透压与细胞内的渗透压相等时）代谢活动仍可正常进行，也可保持原有状态而不发生变化。但当增加食盐时，食盐溶液的渗透压大于细胞液的渗透压，细胞内的水分就会渗透到细胞外面，细胞脱水程度增加，防腐和变脆等的效果也就越明显。泡菜盐水中除食盐外，还有糖类等物质，均具渗透性质，蔬菜中的水分通过渗透扩散作用而被置换出来，既恢复了蔬菜细胞的膨压而变脆，又进行了物质交换而渗入大量的美味成分，就使得泡菜得以保藏，并增加了脆度和风味。

2. 影响泡菜渗透速度因素

在加工中影响渗透速度的主要因素如下。

(1) **蔬菜的细胞结构** 因细胞结构不同，各种蔬菜的渗透速度也不同，就是同一种蔬菜的渗透速度也不尽一样，例如成熟的细胞因含气体较多，阻碍料液分子的渗透，因而比幼嫩细胞的渗透速度慢。同时，不同细胞的排列致密程度不同，其渗透速度也不同，细胞排列致密的比排列疏松的渗透速度慢。另外，细胞壁含角质纤维素少的蔬菜比含角质纤维素多的蔬菜易于渗透。一般蔬菜的表面细胞的细胞壁均含较多角质纤维素，为了加快渗透速度，加工时需对蔬菜进行切割。

(2) **浸渍液的渗透压** 渗透速度往往取决于渗透压的大小。一般来说，渗透压的大小取决于溶液的浓度。因此，在实际的泡菜生产中，在一定的浓度范围内，料液浓度越大，渗透速度就越快。但是渗透压过大，会引起蔬菜细胞大量失水，导致蔬菜皱缩不容易恢复到原来的形状，最终影响产品的质量和出品率。为了保证质量和节约原料，浸渍液的浓度要适当。

(3) **温度** 渗透压不仅与料液的浓度相关，同时也与料液的温度成正比关系。就温度来说，每增加 1℃，渗透压就会增加 0.30%～0.35%。所以温度越高，料液分子渗入菜坯的速度就越快。因此为了加快泡渍速度，就必须尽可能在较高的温度条件下进行。但是，提高温度并不是无限制的，因为温度的增高虽然加速了速度，但是温度过高也会产生一些不良后果，如会造成原果胶酶的活性增强而影响脆度，使制品的口感变软；还可以使蛋白酶遭到破坏，影响蛋白质的转化，以致使制品丧失鲜味，而产生一些令人不快的气味。长时间的高温处理还会使制品色泽加深，光泽减退。因此为了保证泡菜的风味、色泽、脆度，一般在室温环境温度下生产。

二、微生物发酵

我国泡菜生产加工的特点是"泡渍发酵"，突出"泡"和"发酵"，有益微生物的（发酵）活动贯穿于从蔬菜原料泡制、发酵到泡菜产品的生产加工的全过程。泡菜微生物的发酵作用非常显著，其发酵过程是我国泡菜生产加工的关键环节之一，它不仅直接影响泡菜产品风味，而且还赋予泡菜产品的营养成分，抑制腐败微生物的繁殖活动，从而有利于泡菜产品的销售和贮存。

蔬菜的泡渍过程也是微生物的发酵过程，是大量微生物生长、繁殖、衰灭的过程，微生物的发酵作用贯穿于泡渍过程的始终。微生物发酵是由于天然附着在蔬菜表面（或空气及水）上的有益微生物或添加的有益发酵功能菌所引起的。在泡渍过程中，由于食盐溶液浓度不同，渗透压不一样，其发酵的程度有强弱之分，高食盐溶液高渗透压，微生物生理代谢活动呈抑制状态，发酵就弱；低食盐溶液低渗透压，微生物生理代谢活动没有受到抑制，发酵就强。

主导泡菜泡渍发酵的微生物是乳酸菌群，主要包括肠膜状明串珠菌、乳酸明串珠菌、植物乳杆菌、短乳杆菌、嗜酸乳杆菌、乳酸片球菌、戊糖片球菌、布氏乳杆菌等，其次是酵母和醋酸菌群。

1. 有益微生物发酵

（1）乳酸发酵　乳酸发酵是泡制过程各种发酵作用中最主要的发酵作用，它是在乳酸菌作用下进行的。乳酸菌是嫌气性细菌，其种类很多且大量存在于空气中和原料表面上。各种泡菜制作过程中的乳酸发酵作用，主要是借助于这些天然乳酸菌来进行的。

乳酸发酵是蔬菜腌制的主要变化过程，乳酸发酵进行得好坏与泡菜的品质有极密切的关系。泡菜生产过程中不同时期有不同乳酸菌在作用，每一阶段都有主导的乳酸菌。乳酸菌的繁殖速度及每种乳酸菌的繁殖时间与多种因素有关，影响乳酸菌活动的主要因素是食盐浓度，确定食盐浓度是蔬菜泡制中的一个重要问题。食盐浓度不仅决定它的防腐能力，而且明显地影响乳酸菌的生产繁殖，从而影响泡菜的风味和品质。

（2）**酒精发酵**　蔬菜在泡制过程中，附在原料表面的酵母如鲁氏酵母、圆酵母、隐球酵母等进行酒精发酵，同时异型乳酸发酵也能生成酒精。

蔬菜泡制过程中所生成的乙醇本身具有杀菌作用，并且在后熟过程中与有机酸发生酯化反应生成芳香物质有重要的作用。

（3）**醋酸发酵**　蔬菜泡制过程中也伴有微弱的醋酸发酵，产生微量的醋酸。

醋酸菌只有在空气存在的条件下，才能使乙醇氧化变成醋酸。生成的醋酸有利于提高产品的防腐能力，微量的醋酸还能改善产品的风味，但是含量过高则会使产品口味变酸，导致产品质量下降。在泡菜加工时，将菜坯用原来的卤汁和料液浸泡，由于隔绝了产品与外界空气的接触，就可避免蔬菜腌制过程中产生过量的醋酸。

2. 有害微生物的发酵

泡菜在加工过程中发生的各种劣变以及成品的败坏，其主要原因是由于有害微生物生长繁殖的结果。引起蔬菜变质的微生物主要是霉菌、酵母菌和其他细菌。有时还会出现长膜、生霉和腐败等现象，使制品的品质大大降低或完全败坏。

（1）**丁酸发酵**　这是一类复杂的发酵作用，引起丁酸发酵的丁酸菌是一类专性厌氧细菌。丁酸发酵的产物也是多种多样的，除了丁酸、二氧化碳及氢气之外，还会有许多副产物，如醋酸、乙醇、丁醇、丙酮等。

丁酸具有强烈的不快气味，同时丁酸发酵又消耗了糖与乳酸。因而丁酸发酵是一种有害的作用。但微弱的丁酸发酵不会对制品有什么影响。

（2）**腐败细菌的作用**　细菌类中危害最大的是腐败菌。在加工过程中，如果食盐溶液浓度较低，就会导致腐败细菌的生长繁殖，使蔬菜组织蛋白质及含氮物质遭到破坏，生成吲哚、甲基吲哚、硫醇、硫化氢和胺等，产生恶臭味，有时还生成一些有害物质，如胺可以和亚硝酸盐生成亚硝胺，而亚硝胺是致癌物质。

（3）有害酵母的作用　在蔬菜泡制过程中，盐液表面常出现一层粉状并有皱纹的薄膜。这是一种产膜酵母所形成的菌层。在产膜酵母的作用下，大量消耗蔬菜组织内的有机物质，同时分解乳酸、糖分和乙醇，造成制品质量降低，减弱保藏性。

（4）霉菌的有害作用　在霉菌如曲霉、青霉等的作用下，蔬菜泡制过程中有时会出现生霉现象。生霉的部位一般在盐液表面或菜坛上层，霉菌也能大量迅速地分解乳酸，使制品的风味变劣，并失去保存力。

三、生化反应

蔬菜在食盐水中泡渍与发酵，发生一系列的生化反应，主要包括蛋白质的分解、醇酸酯化、苷类的水解等。

1. 蛋白质的分解

泡菜的蔬菜原料除含糖分外，还含有一定量的蛋白质，一般蛋白质含量为 0.5%～2.0%。在泡渍和发酵过程中，蔬菜所含蛋白质受微生物蛋白质分解酶的作用，逐渐分解为氨基酸，有些氨基酸本身具有一定的鲜味和甜味。这一生化变化，在泡渍发酵后期是比较重要的生物化学变化，也是泡菜产品形成一定鲜味物质的主要原因之一，但其变化是缓慢而复杂的。

2. 醇酸酯化

在泡渍发酵过程中通过乳酸菌等菌群的发酵代谢作用，形成了酸、醇等物质，进而通过酸和醇的酯化等反应，形成许多香味物质成分。

3. 苷类的水解

有些蔬菜原料含有生物碱、苷类和多种含硫有机物质，是常见的辛辣味成分（有时表现为"生味"），化学结构都比较复杂。通过泡渍发酵及生化反应，这些辛辣味减弱了或消失了（"生味"没有了），代之的是特殊的芳香香气。例如，十字花科的芥菜含有黑芥子苷，水解后可产生具有特殊香气的芥子油，而改善泡菜产品的风味。

第二节　泡制过程感官变化

一、色泽的形成与变化

1. 蔬菜中的天然色素

蔬菜中常见的天然色素主要有三类，它们分别是叶绿素、花青素、类胡萝卜素等。叶绿素是一类含镁的卟啉衍生物，在酸性介质中不稳定，易失去绿色而成为褐色或绿褐色，在微碱性介质中则比较稳定。泡菜在泡渍过程中生成乳酸，使叶绿素不容易保存。

花青素的颜色受酸碱的影响大，酸性中为红色，碱性中为蓝色，中性中为紫色。因此，它在不同蔬菜中会呈现不同的颜色。蔬菜中呈现红色（番茄除外）、紫色、蓝色等色彩大都是花青素在起作用。分解、氧化均能使花青素破坏而失去原有的颜色。类胡萝卜素、胡萝卜素、番茄红素等是蔬菜天然色泽中较稳定的一类色素，在泡制中不易退色。

2. 褐变

褐变是食品比较普遍的一种变色现象，尤其是蔬菜原料进行运输储藏加工或受到机械损伤后，容易使原来的色泽变暗或变成褐色，这种现象称之为褐变。褐变根据是否由酶催化反应分为酶促褐变和非酶促褐变。

白色蔬菜和浅色蔬菜原料在泡制过程中应该防止褐变，主要有以下方法。

（1）选择原料　应选择含单宁物质、色素、还原糖少的品种。

（2）抑制或破坏氧化酶系统　主要用高温和一些化学方法。

（3）控制 pH　因糖类物质在碱性环境下分解快，羰氨型褐变相对比较容易发生，所以浸渍液 pH 值应控制在 3.5～4.5 之间，以抑制褐变。

（4）其他方法　减少游离水、隔离氧气、避免日光照射都可以抑制褐变。

3. 辅料色素的吸附

泡菜在生产过程中由于吸附了辅料中的色素而改变了原来的色泽，这是一种物理吸附作用。在较高盐浓度下氧气的溶解度大大下降，蔬菜细胞缺乏正常的氧气供应而发生窒息死亡，细胞膜的原生质膜被破坏，失去了对进入细胞物质的选择，其结果使蔬菜细胞吸附了辅料中的色素。应注意的是，不要大量使用人工合成食用色素。一定要使用时，也应按照国家标准的规定使用，过量食用化学合成色素对人体健康是有害的。

二、香气与滋味的形成与变化

由于各种产品的生产工艺不同和产品种类不同，每种产品的香气和滋味的形成也各有特点。主要变化过程有以下几个方面。

1. 蛋白质水解形成香气和鲜味

一般蔬菜都含有蛋白质，蛋白质水解生成氨基酸。氨基酸本身就具有一定的鲜味和甜味，氨基酸进一步与其他物质反应可以形成更为复杂的产物，也是泡菜产生一定色泽、香气和风味的主要来源。氨基酸与糖类反应时，不但可形成深色的色素，也能产生各种香味物质。

2. 苷类水解的产物和某些有机物形成香气

蔬菜中含有糖苷类物质，具有不快的苦辣味，在泡制过程中苷类物质经酶解后生成有芳香气味的芥子油而苦味消失。另外，蔬菜本身含有的一些有机酸和挥发性物质（醇、酯、醛、酮、烯萜等）也具有浓郁的香气。

3. 微生物发酵产生的香气和滋味

泡菜在生产过程中都不同程度地进行了发酵，正常的发酵是以乳酸发酵为主伴随少量的酒精发酵和微量的醋酸发酵。这些发酵产物有乳酸、乙醇、醋酸等，它们除了对泡菜有防腐作用外，还赋予产品香气和滋味。同时各种不同的发酵产物之间发生一系列生化反应生成具备一定香味和滋味的物质。

4. 吸附添加剂和辅料的香气和滋味

在泡菜的生产过程中，由于加入了酱、醋、糖、酱油以及其他调味品（蒜、姜、花椒等），泡菜将各种辅料中的香气和滋味吸附到蔬菜中而构成独特的风味。

5. 细胞失水和辛辣味的减少

蔬菜中所含的某些物质，在没有分解或失去前对泡菜的风味有影响，但通过高浓度食盐溶液的渍制，蔬菜细胞失水，该类物质随水一起渗出，改进了泡菜的风味。

三、泡菜的调香、调味

泡菜的调香就是利用香辛料或适当的香精来消除和掩盖异味，配合和突出泡菜香气或香味。比如可在泡菜加入大蒜、姜、花椒、八角或者特定的泡菜香精。

调味是在泡菜生产加工过程中，将主辅料和调节味感的物质（即调味品）进行科学的配合，使其互相影响，经过复杂的物理和化学及生物变化，产生出人们乐于接受的、喜欢的滋味或口味。

四、失脆与保脆

脆性是泡制品的重要质量指标之一。制作良好的泡菜一般都能保持较好的脆性，但泡制过程中如果处理不当，也会使泡菜变软而不脆。蔬菜的脆性主要与细胞的膨压和细胞壁中的原果胶成分的变化有关。在使用一定的盐液进行泡制的过程中，由于盐液与细胞液间的渗透平衡，能够保持腌菜细胞的膨压，因而不致造成脆性的显著降低。腌菜脆性的降低主要是由于果胶物质的变化而引起的。蔬菜中的果胶以三种形式，即原果胶、果胶和果胶酸的形式存在。只有当果胶以原果胶或与金属离子结合成不溶性的果胶酸盐的形式存在时，蔬菜才能保持较好的脆性。

在生产过程中，促使原果胶水解的原因有两个方面，一是用来泡制的蔬菜原料成熟度过高，或者受了机械损伤，使原果胶酶活性增强；二是在生产过程中一些有害微生物生长繁殖，所分泌的原果胶酶促使原果胶水解。

为了保持酱腌泡菜的脆性，首先要选择成熟度适中、脆嫩而无病虫害的蔬菜原料。此外，泡制前或泡制中可进行硬化处理，使蔬菜原料中的可溶性果胶与金属离子结合形成不溶性的果胶酸盐，以保持泡菜的脆性，如泡制前将原料放在石灰水中浸泡，也可在泡制时加入 $CaCl_2$、$CaCO_3$ 等，起到硬化的作用。此外，还要正确控制泡制条件，如食盐浓度、pH 等，抑制有害微生物的活动，防止微生物对泡菜脆性的破坏。

第三节　泡菜加工关键技术

一、泡菜容器的挑选

一般泡菜多用泡菜坛，尤其是想泡出纯正口味的菜时，对坛子的选择不可忽视。

泡菜坛又名上水坛子，是我国大部分地区制作泡菜所用的较标准的容器。泡菜坛子的特点是既能抗酸、抗碱、抗盐，又能密封且能自动排气，隔离空气，使坛内能造成一种贫气状态。既有利于乳酸菌的活动，又防止了外界杂菌的侵害。因此，能使泡菜得以长期保存，是一般容器所不能及的。泡菜坛子在构造上也有它的独特之处。它是用陶土烧成的，口小肚大，在距坛口边缘6～16cm处有一圈水槽，称之为坛沿。槽缘稍低于坛口，坛口上放一菜碟作为假盖以防生水进入。下文常提到的"添足坛沿水"，就是指把这一圈水槽灌满水。这样将坛盖与水相结合，就可以达到密封的目的。

泡菜坛子的大小不一，形式也比较多，但其结构都大体相同，功能不变。最小的泡菜坛子只能容纳不到1kg的菜料，它可以泡制一些现制现泡的精致小菜精品。最大的坛子则可容数百千克菜料。这种坛子可用于工业化泡菜生产。一般来讲，家庭制作泡菜宜选用小泡菜坛，泡一种菜吃一种菜，或者同时用几个坛子泡几种菜，便可想吃哪一种就吃哪一种。总之，小坛有利于保持菜品的各种风味，泡制的程度也好于大坛。当然，若想制作什锦泡菜，也可根据家庭需要挑选大泡菜坛。

泡菜坛本身的质地好坏，对泡菜与泡菜盐水的质量有直接影响。故用泡菜坛子一定要预先进行严格检查，其优劣可从以下几方面进行识别：

（1）观外表 泡菜坛以火候老、釉质好、无裂纹、无砂眼、体型美观者为佳。

（2）看内壁 以无砂眼、无裂纹者为佳。将坛压在水内，不要淹没坛口，无水渗入者便可。

（3）看吸水 坛沿添入一半清水，将一卷草纸点燃，放入坛内，盖上坛盖。若能把坛沿水吸干（从坛沿吸入坛盖内壁）的泡菜坛就是好坛，反之则较差。

（4）听声音 用手击坛，用耳听声，钢音的质量则好；空响、砂响、音破的质次。

按以上方法选择的泡菜坛子，只要达到质量要求，再按泡菜要求去泡制，一般泡菜的质量都很好。如果新购买的菜坛子出现了非人为的盐水败坏或烂菜现象，民间常采用以下方法处理一下新买的菜坛。

一是将泡菜坛洗净后，装满清水，并注意每天换水，这叫"退火"，实际上是去除坛内的污垢。

二是将泡菜坛放入烧柴的灶内，用火烧，这叫"补火"。

此外，根据家庭取材条件，玻璃罐、土陶缸、罐头瓶、木桶等也可用来泡菜。但必须加盖，保持洁净。这类容器一般只宜泡制立即食用的泡菜，若要长期储藏，还需进行杀菌、消毒处理。

挑选好容器后，应盛满清水，放置几天，然后将其冲洗干净，用干净的纱布抹干内壁水分，才可使用。

二、泡菜盐水的种类及配制

泡菜盐水分为洗澡盐水、新盐水、老盐水、新老混合盐水几种。

1. 配制方法

现将各种盐水的特征及配制方法分述如下。

（1）洗澡盐水　洗澡盐水的配制方法中的一种如下：取冷却的沸水 100kg，加食盐 8kg 搅拌溶解，再加入老盐水 25～30kg 搅匀，用以调味，并接种发酵菌种。再根据所泡制的蔬菜数量酌加作料、香料，调节 pH 值为 4.5 左右。用此法泡制蔬菜，发酵速度快，断生即可食用，所需时间为 3～5 天。

（2）新盐水　新盐水配制方法中的一种如下：取冷却的沸水 100kg，加食盐 25kg，再掺入老盐水 30kg，并根据所泡之蔬菜酌加作料、香料。调节 pH 值为 4.7。

（3）老盐水　用于接种的盐水，一般宜取一等老盐水，或人工接种乳酸菌或加入品质良好的酒曲。含糖分较少的原料还可以加入少量的葡萄糖以加快乳酸发酵。

（4）新老混合盐水　新老混合盐水是将新、老盐水按各占 50％的比例配合而成的盐水，其 pH 值为 4.2 左右。

第一次制作泡菜时，可能找不到老盐水或乳酸菌。在这种情况下，可按要求配制新盐水，以制作泡菜。但头几次泡制的泡菜口味较差，随着时间推移和精心调理，泡菜盐水会达到满意的要求和风味。

2. 配制时注意事项

井水和泉水是含矿物质较多的硬水，用以配制泡菜盐水效果最好，可以保持泡菜成品的脆性。硬度较大的自来水亦可使用，经处理后的软水不宜用来配制盐水。塘水、湖水及田水均不可用。所使用的水，均应当达到国家生活饮用水标准。

有时为了增加泡菜的脆性，可以在配制盐水时酌加少量的钙盐，如氯化钙（$CaCl_2$）。常按 0.05％的比例加入。其他如碳酸钙、硫酸钙和磷酸钙均可使用。食盐应选择品质良好者，最好使用精制食盐。泡菜盐水的含盐量因不同地区和不同的泡菜种类而异，从5％至28％不等。通常的情况是按个人的习惯口味决定。

三、泡菜预处理技巧

制作泡菜时，很多蔬菜都应经预处理。由于蔬菜的种类、生长季节、产地和可食部位的不同，质地也存在差别，因此，选料及掌握好预处理时的咸度，对泡菜的质量影响极大。如辣椒、豇豆等，因含水量相对较低、受盐渗透和成熟均较缓慢，加之此类品种又适合长期贮存，故出坯时咸度应稍高一些；对于含水量较高，细嫩鲜脆、盐易渗透的原料，如莴笋、莲花白、青菜头、黄秧白等，由于这类蔬菜不宜久贮，一般边泡边吃，所以预处理时咸度应稍低一点。但不论属于前者还是后者，其咸度的高低控制指数均以 20％～30％为限。

蔬菜在装坛前，可先置于浓度 25％的食盐溶液中进行粗制，或直接用食盐进行腌渍。在盐水的作用下，浸出蔬菜所含的过多水分，渗透部分盐味，以免装坛后降低盐水与泡菜的质量。同时，盐有灭菌的作用，使盐水和泡菜既清洁又卫生。绿叶类蔬菜含有较浓的色素，预处理后可去掉部分色素，有利于定色、保色。

家庭制作泡菜时，预处理这道工序可以省去，可直接将经过适当晾晒的蔬菜直接放入泡菜水内泡制。

1. 正确使用香料包

将调配好的香料，分别整理、清洗干净装于消毒纱布袋内，结好袋口后即成香料包。香料包在使用时，一般放入已盛泡菜的坛内中间层，以便香味能均匀地向四周扩散。泡制一段时间后，可将香料包上下提放，使袋内香味成分随盐水一同流出，如此反复几次，然后将香料包变换位置后再次放入。密封贮存或不便搅动的泡菜，可依其自然，但取食前须经搅动，以使香味均匀散布。在开坛检查时，如发现泡菜香料味过浓，应立刻将香料包取出；如香味不足，根据实际情况可酌加香料或更换香料包。

2. 注意气温对泡菜成熟度和口味的影响

泡菜的成熟度与泡制时间、气温有关。通常气温较高时，味道容易渗透入原料，能较快达到适宜成熟度，反之则需时间较长，因此，原料在出坯、泡制过程中，对配料、泡制时间等方面的掌握上，应考虑气温因素的影响。

3. 原料加工处理应以食用需求为导向

泡菜的制作方法有多种，泡制时间各不相同。这就要求原料在加工处理时应首先考虑制作泡菜的食用需求是什么。如制作的泡菜用于现泡现吃或短期贮存的，原料在加工处理时切得小一些、薄一些，以加速其入味成熟；如属于食用较缓或长期贮存的，原料在加工处理时应尽量保持厚大、整块，借以延缓其成熟期。

4. 季节不同，盐水的咸淡程度应有所区别

食者对味的要求与气候关系非常密切。夏季天气炎热，人们口味要求普遍清淡，因此泡菜盐水就不宜太咸；冬季比较寒冷，喜欢味道浓厚一点，一般盐味则应稍浓。

5. 部分经过日晒处理的蔬菜再入坛，泡制效果更好

制作泡菜的部分蔬菜，在加工过程中，一般可采取日晒后再入坛泡制。例如豇豆、青菜、蒜薹、萝卜等原料。洗涤干净后，在阳光下将它们晒至稍蔫，再行出坯、泡制，这样成菜既脆健、

味美、不走籽（例如豇豆），久贮也不易变质。但如果是泡莲花白、黄秧白等蔬菜，因其泡制的时间短，它只需在阳光下晾干或沥干洗菜时附着的水分，即可泡制，这样，有利于保持其本味和色泽。

6. 选择优质泡菜进行贮存

需要贮存的泡菜，应选其成味够、香味正、色泽红、无破皮的。如发现泡菜有发软、变黑、空花、走籽、败味、喝风（过氧化）现象，不仅不宜贮存，而且要迅速地酌情予以处理。此外，泡菜咸度应随贮存期的长短而加以调整，避免因咸味过淡而引起变质。

总之，泡菜制作是有许多技巧的，只要在实践中认真总结，不断改进，一定会制作出色、香、味俱佳的泡菜来。

四、装坛方法及注意事项

1. 蔬菜装坛方法

由于蔬菜品种和泡制、贮存时间不同，原料在装坛时大致分为干装坛法、间隔装坛法和盐水装坛法三种。

（1）干装坛　某些蔬菜，因本身浮力较大，泡制时间较长（如泡辣椒），适合干装坛。方法如下：将泡菜坛洗净、拭干；把所要泡制的蔬菜装至半坛，放上香料包，接着装至八成满，用竹片卡紧；将作料放入盐水内搅均匀后，徐徐灌入坛中，待盐水淹过原料后，盖上坛盖，用清水添满坛沿。

（2）间隔装坛　为了使作料的效果得到充分发挥，提高泡菜的质量，应采用间隔装坛。泡豇豆、蒜薹等可采用此法。方法如下：将泡菜坛洗净、拭干；把所要泡制的蔬菜与需用的作料（干红辣椒、小红辣椒等）间隔装至半坛，放上香料包；接着装至九成满，用竹片卡紧；将其余作料放入盐水内搅匀后，徐徐灌入坛中，待淹过菜料后，盖上坛盖，用清水添满坛沿。

（3）盐水装坛　茎根类（萝卜、大葱等）蔬菜在泡制时能自行沉没，所以可直接将它们放入预先装好泡菜盐水的坛内。方法如下：将坛洗净、拭干，注入盐水，放作料入坛内搅匀后，装入所泡蔬菜至半坛时，放入香料包，接着装至九成满（盐水应淹没原料），随即盖上坛盖，用清水添满坛沿。

2. 装坛注意事项

总的来说，装坛时应注意以下六点。

① 严格控制好操作者个人、用具和盛器的清洁卫生，尤其是泡菜坛内外的清洁。

② 要根据原料品种、季节、味别、食法、贮存期长短和其他具体需要，做到调配盐水时，既按比例，又要灵活掌握。

③ 原料入坛泡制时，放置应有次序，切忌装得过满，坛中一定要留下 2～3cm 空隙，以防止坛内泡菜水冒出。

④ 所需作料，有的加入盐水内即自行调匀（如白酒、料酒、醪糟汁）；有的要先溶化后再加入坛内并搅匀（如红糖或饴糖、白糖）；有的则应随原料装坛时合理放置（如甘蔗、干红辣椒）。这样方能充分发挥它们的作用。

⑤ 盐水必须淹过所泡原料，以免因原料氧化而败味、变质。

⑥ 经常开坛检查，发现盐水或泡菜出现异常情况，要及时纠正。

五、泡菜日常管理

1. 泡菜房设置与管理

泡菜房是泡菜生产制作的场所，泡菜房的设置与管理是关系到泡菜质量优劣的重要条件之一。大批制作泡菜的餐饮企业，除选择有经验的人专门管理外，必须首先为泡菜的加工制作创造一个良好的环境条件。即使一般家庭只需泡制一两坛泡菜，也应考虑泡菜坛安放的位置及其周围环境是否有利于盐水的保护（如附近忌火炉、日晒等），同时，也要在制作过程中讲究卫生，改善加工条件。

　　泡菜房的设置，一般分为蔬菜加工间、洗涤处和泡菜间三部分，现就有关事项分述如下。

　　（1）**蔬菜加工间**　蔬菜加工间要求空气流通、干湿度适宜，有存放蔬菜的晾架，有对蔬菜进行加工处理的工作台。加工场地应经常保持清洁卫生，做到地面无积水，并随时清除渣滓。

　　（2）**洗涤处**　洗涤处要求供水、排水良好，光线充足，设有蔬菜洗涤和盐水出坯台、池。做到经常清除污物，水沟通畅，杜绝蚊蝇滋生的客观条件，时常保持清洁卫生。

　　（3）**泡菜间**　泡菜间要求通风干燥，光线明亮，不被太阳光直射。门窗应安置防蝇、防尘设备，下面有通气孔，室内无蜘蛛网，地面干净无积水，并保持清洁卫生。泡菜坛应顺门排列成行，四周留下一定空间，以利于操作，不能靠近墙壁，避免虫鼠爬行。同时，还应经常注意调节盐水温度，控制其热胀冷缩，以保证泡菜和泡菜盐水的质量。

2. 泡制期管理

　　泡制时，只要按要求进行管理一般不会出问题。但由于外界和内部条件的影响，也可能发生意外情况，导致盐水变质。如不预防或不及时采取恰当的处理措施，会使泡菜达不到要求，甚至半途而废。

　　泡菜盐水出现问题最常见的是生霉花，如不及时治理，就会导致盐水混浊，长蛆虫；其次是盐水明显涨缩和冒泡。长霉花对泡菜影响很大。引起泡菜霉花的微生物是酒花酵母菌，它是盐水表面的一层白膜状微生物。

　　这种微生物抗盐性和抗酸性均较强，属于好氧性菌类，它可以分解乳酸，降低泡菜的酸度，使泡菜组织软化，甚至还会导致其他腐败性微生物的滋生，使泡菜的品质变劣。

　　预防措施：坛沿水要经常更换，并始终保持洁净，并可在坛沿内加入食盐，使其食盐量为 15％～20％。如果坛沿中的水少了，就必须及时添满。揭坛盖时，注意小心操作，勿把生水带入坛内。

取泡菜时，须将竹筷清洗干净，严防油污进入菜坛内。经常检查盐水质量，发现问题及时酌情处理，有的还要添加作料或盐。若坛内霉花生长较多，不要将其搅散，可把坛口倾斜，徐徐灌入新盐水，使之逐渐溢出；若坛内霉花较少，则可用打捞的方法除净。加入大蒜、洋葱、紫苏、红皮萝卜之类的蔬菜，由于其中含有一些抑菌物质，可以杀死酒花酵母菌。在泡菜的面上加入高浓度的酒，并加盖密闭，亦可抑制其继续危害。在去掉霉花的泡菜坛内，加入适量食盐、蔬菜，使之发酵，形成乳酸菌的优势种群，也可以抑制其继续危害。在除去霉花的盐水内，应酌情添加香料、作料。此外，如盐水已混浊、发黑，泡菜出现起涎、腐败味、生蛆、恶臭等变质现象，应将泡菜及盐水立即舍弃，并对泡菜坛进行高温杀菌消毒，避免感染，然后再配制新盐水，重新泡制蔬菜。

3. 泡菜盐水管理

盐水对泡菜质量影响极大。盐水好，泡菜的色香味就好，如果管理不好，盐水出现生霉花、生蛆虫、非正常冒泡、浑酽、明显涨缩等变质现象，都会直接影响泡菜质量。因此，要管理好盐水，应贯彻"预防为主"的方针，做好以下几方面的工作。

① 泡菜所用的原料及加工的工具，器具均应清洗干净，防止有害细菌被带入坛内，造成盐水污染。

② 坛沿水要经常更换，并始终保持清洁。捞菜时，要轻启坛盖，勿把生水带入坛内，以免盐水变质。

③ 捞取泡菜前，无论用手或竹筷，都应消毒去污垢、去油分，以免盐水污染、生蛆。

④ 盐水一时不泡菜，要适当添加作料、香料保养备用。各种等级的盐水不要混装，以免降低质量。

⑤ 泡菜坛最好由专人管理。管理者应负责泡菜坛及其周围环

境的清洁卫生，熟悉泡菜品种的成熟期长短和泡菜质量的高低，并经常翻坛、整理泡菜和查看盐水质量。发现问题，及时酌情处理。

4. 泡菜盐水变质的救治

如果因工作不慎，预防不力或其他原因而发生盐水变质时，可参考如下救治方法。

（1）**盐水冒泡** 盐水冒泡有正常冒泡和病态冒泡两种现象，应根据实际情况来加以鉴别。鉴别的方法见表 3-1。

表 3-1 四川泡菜盐水冒泡的鉴别

现象	鉴别方法	冒泡原因
正常冒泡	1. 间隔性地冒泡,响声不大 2. 揭开坛盖,气味不冲人 3. 泡菜和盐水色、香、味均正常	蔬菜在泡制过程中释放的二氧化碳气体逸出
病态冒泡	1. 连续急促地冒泡,响声较大 2. 揭开坛盖后有热气逸出并冲人 3. 盐水较浑浊,泡菜和盐水的色、香、味均不正常	1. 盐水受污染,细菌在生长繁殖过程中产生大量气体逸出 2. 坛内盐水与外界温度差异过大,管理中未调节好

（2）**预防病态冒泡措施** 防治盐水病态冒泡，一般采取以下预防措施。

① 不泡空坛。不泡菜的净盐水，要适当加作料、香料加以保养。

② 保证坛内外清洁卫生。

③ 随时搅动盐水。

④ 泡菜盐水应淹过原料。

⑤ 掺足坛沿水，密封泡菜坛。

⑥ 经常调节盐水温度。

⑦ 坛内原料不可放得过满。

（3）**病态冒泡的补救方法** 对于已经发生病态冒泡的盐水，

可采取以下方法补救。

① 将坛盖揭开敞几小时，透入新鲜空气，排除腐臭气味。

② 将盐水搅动数次。

③ 投入几节甘蔗。

④ 按 1％的比例加入白酒。

⑤ 适当提高盐水咸度。

（4）**去霉花** 盐水生霉花，是制作泡菜中比较常见的现象。霉花对泡菜的品质影响较大，如不及时处理，就会导致盐水浑酽、长蛆虫。

（5）**救浑酽** 如果一坛盐水所泡原料过多过杂，那会导致盐水浑酽。遇到这种现象，我们可以多泡一些含水量高的原料予以缓解。若是伴有异味的浑酽，则是盐水变质的先兆。此时，应立即取干净纱布，重叠数层后置于筲箕或蒸笼内，将已浑酽盐水过滤，待澄清后，只取用其清亮部分。

（6）**除蛆虫** 如果蛆虫较少，可以向泡菜坛内倒入新盐水，让蛆虫浮于表面，然后打捞干净。如果蛆虫较多，就必须翻坛。把坛内泡菜同盐水全部倒出来，用沸水清洗泡菜坛内壁，反复多次，洗净为止。倒出来的泡菜，若已腐烂发臭，自当废弃。若只是有轻微变质，可用新盐水淘尽蛆虫后返入坛中。倒出来的盐水，必须用纱布过滤澄清，并检查咸味是否合适后才能使用。在重新使用时，要适当加些香料、作料。

（7）**处理盐水的明显涨缩** 泡菜盐水的自然涨缩是正常现象。若盐水涨缩过大，则要及时察看处理。因为此现象的发生大多与坛内温度高低、细菌繁殖等紧密相关。一般来说，气温过低是造成盐水骤减的主要原因。只要做好泡菜坛的保温工作，并相应加入盐水，淹没泡菜即可防治。盐水骤涨往往是由于气温过高致使盐水发酵速度过快造成的，也可由细菌污染盐水后大量繁殖造成。防治盐水骤涨的方法如下。

① 坛内温度过高时，可揭开坛盖放气。也可采取其他降温措施。

② 酌情舀出部分盐水，以免溢出坛外。

③ 坛内装菜八成满即可。不要把坛内装得过满，留有一定空隙，防止盐水溢出坛外。

④ 最重要的是必须切实做好泡制过程中的清洁卫生工作，避免细菌感染、繁殖。

第四章

四 川 泡 菜

第一节 根菜类泡菜

一、泡萝卜条

1. 原料配方

白萝卜 1000g，老盐水 800g，红糖 60g，白酒 60g，干辣椒 20g，食盐 12g，香料包（花椒、八角、桂皮、小茴香各 1g）1 个。

2. 工艺流程

原料整理→泡制→成品

3. 操作要点

（1）原料整理 选择新鲜嫩脆的白萝卜，去根须，洗净晾干，切成条形，晒至稍软。

（2）泡制 将各种调料拌匀装入泡菜坛内，放入萝卜，加入香料包，盖坛泡制 3～5 天即可食用。坛内原料应当压实，泡菜水装满，坛沿水保持不干。

二、泡萝卜片

1. 原料配方

青萝卜 5000g，白菜 5000g，食盐 400g，葱 400g，大蒜 300g，生姜 200g，辣椒粉 100g，红辣椒 20 个，开水 15kg。

2. 工艺流程

原料整理→腌制→泡制→成品

3. 操作要点

（1）原料整理　将青萝卜去顶、去根须，洗净擦干，切成3cm 长的薄片。将白菜去根，去老帮及烂叶、黄叶，洗干净，沥干表面水分，切成长 3cm 的段。将葱洗净，先横切成 4cm 左右的小段，再将每段纵切成丝，将生姜、红辣椒切成丝，将大蒜切成片。

（2）腌制　在切好的青萝卜、白菜上撒盐 300g，拌匀，腌半小时。

（3）泡制　将腌好的萝卜、白菜捞出，沥去水分，与蒜片、葱、姜、红辣椒丝一起搅拌均匀，移入干净的泡菜坛中。将剩下的盐（100g）放入腌过萝卜、白菜的盐水中化开，再烧 15kg 开水晾至温热时，将辣椒粉用纱布包好放入水中摇晃，使其渗出红色，再将水晾至室温，成红辣椒水。将盐水及红辣椒水注入泡菜坛中，向坛沿添满水，置于 13℃左右处，5 天后即可食用。

4. 注意事项

装坛应当装满、压实，保持坛沿水不干。萝卜、白菜等原料晾晒适度的产品脆度好。取食后，若添加新料，应当按比例加入配料。

三、泡萝卜块

1. 原料配方

萝卜 5kg，梨 500g，食盐 150g，胡萝卜 150g，芥菜 50g，栗子 50g，白菜半棵，乌鱼 50g，小葱 25g，辣椒粉 50g，大葱 25g，大蒜 25g，姜 10g，香菜子粉 1 小勺，水适量。

2. 工艺流程

原料处理→抹料码坛→泡制→成品

3. 操作要点

（1）原料处理　挑选上好萝卜，去顶、去根须，洗净后擦干或晾干，切成高 1cm、宽 3cm、长 4cm 的块。胡萝卜同样去顶、去根须，洗净擦干，纵切成较短的块，与萝卜一起用盐腌约 4h 左右，备用。将整棵白菜纵向切开，取半棵洗净，沥干水分，纵切一刀，再横切成 3cm 长片段，用盐腌 6h 左右，备用。小葱与芥菜收拾好、洗净后，沥干水分，均切成 4cm 长的段；姜、蒜与香菜子粉一起捣成泥；大葱切成碎葱花；栗子、梨去皮，切成片，备用。乌鱼洗净，沥干水分，然后切成大小适宜的块。

（2）抹料码坛　用清水将腌过的萝卜、胡萝卜、白菜漂洗 2 遍，沥去水分，拌上辣椒粉，放置半小时，再把这些菜料与乌鱼块、小葱、芥菜、大葱末、姜蒜和香菜子泥、梨片、栗子片等全部放在一起拌匀，装入坛中。

（3）泡制　把盐放入适量水中，调好咸淡，置于火上烧沸后注入泡菜坛中。5 天后即可食用。

4. 注意事项

① 因为此泡菜制作过程中两次加盐，因而要特别注意咸淡适度，如果过咸，会破坏泡菜的鲜香味道。

② 此泡菜原料、调料较多，因而要特别注意每一种原料的质量和干净度，不要因为某一种原料质量差或整理不干净而影响了泡菜的整体质量。

③ 如想快些食用，可加两勺白糖，2 天即可食用。

四、醋泡萝卜

1. 原料配方

"心里美"萝卜 200g，食盐 100g，黄瓜 100g，味精 100g，白糖 100g，西芹 50g，大蒜瓣 40g，红辣椒 50g，白醋 2 瓶，凉开水适量。

2. 工艺流程

原料整理→腌渍→配料泡制→成品

3. 操作要点

（1）原料整理 西芹刮去筋丝，切片，黄瓜洗净后均切成菱形片待用。将"心里美"萝卜去缨、削皮，去掉部分细根，洗干净，用不锈钢刀横切成长5cm的小段，然后将每段竖起，切3刀，成为6等份，但底部连接，不切散。为使产品不变色，所用刀具应是不锈钢刀。浸泡容器一定要干净。

（2）腌渍 把切好的西芹、黄瓜放入白醋中加入适量凉开水，再放入食盐、味精、白糖、大蒜瓣腌24h。然后将"心里美"萝卜放到盐水里在干净容器中腌40min，腌好后取出，用手压出水分，然后让底部仍保持连接，上部刀口处散开。

（3）配料泡制 将红辣椒横切成细丝，使之呈圆圈状，去籽。将白醋、盐和白糖兑成醋水汁，然后将腌好的萝卜、西芹、黄瓜投入其中浸泡。浸泡1～2h后，醋水汁便充分浸透到萝卜里，再将红辣椒圈撒入刀口等处成优美图案，即为成品。

五、泡熟萝卜

1. 原料配方

萝卜1000g，青辣椒50g，蒜100g，红辣椒100g，葱300g，白糖25g，姜100g，盐、水适量。

2. 工艺流程

原料处理→辅料准备→泡制→成品

3. 操作要点

（1）原料处理 把萝卜去顶、去根须，洗干净，纵切成4瓣，置于烧开的盐水中煮至三分熟，立即捞出，沥干水分，放入坛中。

（2）辅料准备 将葱去根须，洗净擦干，切成3段，整齐地用葱叶逐一捆好，把部分红辣椒纵切成4份。姜、蒜切片。

（3）泡制 将捆好的葱及切好的红辣椒与剩下的红辣椒、青辣椒、白糖、姜、蒜一起放入坛内。烧适量咸淡适中的盐开水，晾凉后注入坛内，直至将菜淹没为止。装坛应当装满压实，坛沿应时时有水。腌15天后可食用。

六、泡酸萝卜

1. 原料配方

白萝卜2.5kg，老盐水1.5kg，新盐水750g，盐125g，特级白酱油125g，一级醋85g，白糖100g，白酒25g，醪糟汁25g，红糖400g，干红辣椒400g，香料包（八角、花椒、白菌、排草各20g）1个。

2. 工艺流程

原料处理→泡制→成品

3. 操作要点

（1）原料处理　选个大、鲜嫩、不空花的白色圆根萝卜，去根蒂，洗净，沥干水分，逐个切成厚3cm的片，用盐搅拌均匀倒入盆内腌制3天，捞出后沥干水分待用。

（2）泡制　将各物料调匀装入坛内，放入萝卜片和香料包，盖上坛盖，掺足坛沿水。入坛后半个月左右翻坛一次，使其受味一致。泡1个月后即可食用。

七、胭脂萝卜

1. 原料配方

白萝卜150g，白糖30g，白醋15g，大红浙醋15g，柠檬酸3g，食盐3g，食用红色素少许，水适量。

2. 工艺流程

原料处理→拌料入坛→成品

3. 操作要点

（1）原料处理　白萝卜去除须根后洗净，切成块状待用，取一小碗，放入少许水，加入食用红色素搅拌均匀，呈均匀的红色汁液。

（2）拌料入坛　将切成的萝卜放入盆中，加入食盐、白糖、白醋、大红浙醋、柠檬酸和适量红色汁水搅拌均匀，用保鲜膜封好后，入冰箱内冷藏48h，中间可以翻动搅拌几次，之后取出装盘即成。

4. 注意事项

① 柠檬酸的用量不可过多，否则口感酸涩。

② 严格控制食用红色素的用量，若菜肴颜色不够理想，可酌情加入大红浙醋提色。

八、蓑衣萝卜

1. 原料配方

萝卜50kg，一级醋10kg，食盐3kg，白砂糖5kg。

2. 工艺流程

原料处理→入坛泡制→成品

3. 操作要点

（1）原料处理　先将萝卜洗净，去顶，去须根。在萝卜的一面斜切一刀，再在另一面斜切一刀。

（2）入坛泡制　把醋和糖倒在一起，调好搅匀，将萝卜放到糖醋汁中进行泡制，7天后即可制成。

4. 注意事项

① 在泡腌过程中，要每天拨动1次，使萝卜上下左右活动一下。

② 萝卜一定要冲洗干净，以免有砂石，影响食用。

九、泡甜萝卜

1. 原料配方

白萝卜1000g，新盐水300g，食盐25g，老蒜盐水250g，特级白酱油 250g，红糖 200g，白糖 125g，干红辣椒 30g，白酒 10g，醪糟汁 10g，一级醋 150g，香料包（八角、花椒、白菌、排草各 1g）1 个。

2. 工艺流程

原料处理→入坛泡制→成品

3. 操作要点

（1）原料处理　选大个、鲜嫩、不空心的白色圆根萝卜，去蒂、根、须，洗净，沥干水分，切成 3cm 厚的片，再横切成小片，用盐拌匀，先入盆内腌 3 天，捞出，沥去涩水。

（2）入坛泡制　将其他各料调匀，装坛内，再放入萝卜片及香料包，盖好坛盖，添足坛沿水。此菜泡 1 个月即成。

4. 注意事项

① 萝卜切片薄厚大小要均匀。

② 入坛后半月左右要翻坛 1 次，使其受味均匀一致，如果味淡，还可适当加盐。

③ 若要长时间储存，还可以使萝卜片厚些、大些，甚至将萝卜整块泡入。

④ 老蒜盐水系指泡过蒜的老盐水。

十、泡香萝卜

1. 原料配方

胡萝卜 1000g，精盐 50g，老盐卤 800g，红糖 6g，干辣椒 14g，香料包（八角、花椒、白菌、排草各 1g）1 个，白酒 12mL。

2. 工艺流程

原料处理→拌料入坛→成品

3. 操作要点

（1）原料处理　挑选鲜嫩、不空心的胡萝卜切成 0.5cm 厚、3cm 长的薄片，去顶、去根，洗净，晾晒至软。

（2）拌料入坛 将各料调匀装入泡菜坛内，放入萝卜，加入香料包，盖上坛盖，5 天即可食用。

4. 注意事项

① 胡萝卜晾晒要达到稍软的程度，产品质地才会脆嫩。

② 胡萝卜入坛后，要用竹片卡紧，盖好坛盖，添足坛沿水，密封坛口，产品才不易变质。

十一、泡水萝卜

1. 原料配方

水萝卜 450g，水芹菜 25g，辣椒粉 60g，虾酱 30g，蒜泥 23g，生姜末 8g，白糖 15g，食盐 8g，洋葱丝 200g，青葱叶适量。

2. 工艺流程

原料处理→泡制→成品

3. 操作要点

（1）原料处理 最好选择嫩的长形水萝卜，也可用秋天的大红萝卜。将萝卜洗净切成 2.5cm×2.5cm×3cm 的块，用白糖和食盐腌，杀出汁。如果是春天的小萝卜，该汁则留用。水芹菜只留茎，洗净，切成长 4cm 的条。首先往萝卜中撒辣椒粉，稍后再加入蒜泥、生姜末、虾酱、洋葱丝和白糖，最后再撒些精盐。

（2）泡制 在瓷罐底部铺上青葱叶，再撒少许盐，把调好的泡菜料倒进去，加盖。1 天后即可食用。

十二、泡红萝卜

1. 原料配方

红萝卜 1000g，新盐水 500g，老盐水 500g，食盐 20g，红糖 15g，白酒 10g，干红辣椒 10g，醪糟汁 5g，香料包（八角、花椒、白菌、排草各 1g）1 个。

2. 工艺流程

原料处理→泡制→成品

3. 操作要点

（1）原料处理　选新鲜红萝卜，去茎叶、去须根，晾晒至稍蔫，洗净，用清水泡制 1 天，捞起，沥干附着的水分。

（2）泡制　将各料调匀装入泡菜坛内，放入红萝卜及香料包，用篾片卡紧，盖上坛盖，添足坛沿水，泡制 2～3 天就成。若要久储，应常检查并酌加作料。

十三、泡胡萝卜

（一）方法一

1. 原料配方

胡萝卜 10kg，食盐 3kg，凉开水 4L。

2. 工艺流程

原料整理→泡制→成品

3. 操作要点

（1）原料整理　将胡萝卜洗净晾干，装入泡菜坛内。胡萝卜晾晒要达到稍软的程度，产品质地才会脆嫩。

（2）泡制　一层萝卜一层盐，再加入凉开水，然后盖好盖子，添满坛沿水，3～5 天即可食用。

（二）方法二

1. 原料配方

胡萝卜 5kg，老盐水 4kg，新盐水 1kg，红糖 80g，白酒 80g，醪糟汁 20g，食盐 125g，干红辣椒 100g，香料包（八角、花椒、白菌、排草各 1g）1 个。

2. 工艺流程

原料选择→整理、清洗→晾晒→预腌→装坛→发酵→成品

3. 操作要点

（1）原料选择　选用肉质细腻、脆嫩，表面光滑，不空心、无病虫害的新鲜胡萝卜为原料。

（2）整理、清洗　将胡萝卜去顶、去根须。用清水洗净泥沙和污物，沥干表面水分。

（3）晾晒　将清洗后的胡萝卜纵切为两半，再切分为3～4cm长的段，然后置于通风、向阳处进行晾晒，晒至发蔫为止。

（4）预腌　将晾晒后的胡萝卜段，按一层胡萝卜一层盐进行装缸，盐渍3天。

（5）装坛　将老盐水、新盐水、红糖、食盐、白酒和干红辣椒等物料放入刷洗干净的泡菜坛内，搅拌均匀。将晾晒好的胡萝卜段装入盛有盐水的坛子里，装到一半时放入香料包，继续装入胡萝卜段，直至满坛。盖好坛盖，注满坛沿水，密封坛口。装坛应满，坛沿水要保持不干。

（6）发酵　把装好的泡菜坛放在通风、干燥、洁净的地方，进行发酵。一般泡制5～7天即可成熟。

（三）方法三

1. 原料配方

小胡萝卜1kg，食盐30g，老盐水500g，新盐水500g，红糖200g，醋100g，料酒10g，白酒10g，干辣椒25g，花椒5g，香料包（八角、花椒、白菌、排草各1g）1个。

2. 工艺流程

原料整理、清洗→晾晒→盐腌→装坛→发酵→成品

3. 操作要点

（1）原料整理、清洗　将大小一致的小胡萝卜去顶、去根须，用清水洗去泥沙。

（2）晾晒　将胡萝卜平铺于竹席上，晾晒至萎蔫。

（3）盐腌　晾晒后胡萝卜加食盐盐渍3天，捞出晾干。

（4）装坛　把各种调料调匀，与小胡萝卜一起装坛，装坛时注意装满压实，用篾片卡紧。

（5）发酵　注入混合后的新老盐水，淹没菜体，盖上坛盖，添足坛沿水。泡制10天即可。

（四）方法四

1. 原料配方

胡萝卜1kg，精盐25g，咸卤水800g，干辣椒20g，白酒12g，红糖6g，花椒1g，八角1g。

2. 工艺流程

原料整理、清洗→切分、晾晒→装坛→发酵→成品

3. 操作要点

（1）原料整理、清洗　将胡萝卜去顶、去根须。用清水洗去泥沙。

（2）切分、晾晒　将胡萝卜切成小块，置于阳光下，晾晒至萎蔫。

（3）装坛　将切碎的干辣椒、白酒、红糖和精盐等调料和咸卤水装入坛内拌匀，加入晾晒后的胡萝卜，投入用布包好的花椒和八角，装满压实，盖上坛盖。添足坛沿水。

（4）发酵　泡制5天后即可。

十四、酸醋胡萝卜

1. 原料配方

胡萝卜1000g，米汤水适量，醋少许，凉开水适量。

2. 工艺流程

原料处理→入坛泡制→成品

3. 操作要点

（1）原料处理　将胡萝卜洗净，去顶，去根，沥水，切成小

长片。

（2）入坛泡制　将胡萝卜片放入一净坛中，将米汤水、一部分凉开水及少许醋一并倒入坛中，使其浸没萝卜片。将盛菜的坛子放置在温暖处，比如火炉或火炕旁，使坛内的温度保持在 25℃ 左右。盖好盖，腌泡 3～5 天后，即可制成第一批酸醋胡萝卜食用。第一批胡萝卜片食用后，坛内剩余卤水可作以后制作醋胡萝卜的材料。以后，只要再放入胡萝卜片，一两夜即可变酸，可随泡随吃。

4. 注意事项

① 胡萝卜片要切薄一些，这样入味快，也可以防止腐烂。

② 醋不要放得过多，醋过多，会使泡菜变味，不能达到微酸的要求。

③ 坛子的温度要适当：一是不要过高，二是不要忽高忽低，这样会影响泡菜及时成熟，甚至造成腐烂。如果发现长白毛，要适当降低温度。

十五、酸辣萝卜条

1. 原料配方

水萝卜 1500g，酱油 20g，干红辣椒丝 100g，白醋 50g，精盐40g，白糖 20g。

2. 工艺流程

原料处理→调汁→入坛泡制→成品

3. 操作要点

（1）原料处理　将水萝卜洗净切条，放入盐水中浸泡 2～3h，到萝卜条不易折断为止（在盐水中浸泡，可以保持萝卜的白色不会变黄）。

（2）调汁　调好糖醋汁。按照糖、醋 1：2.5 的比例，适量加点干红辣椒丝。用筷子搅拌，使糖醋充分融合。干红辣椒丝要与萝卜条拌匀，以免辣味不均。盐不可过多，如果咸味过大，就会失去醋味。

（3）入坛泡制　把浸泡好的萝卜条用双手挤干水分（越干越好），放入调好的糖醋汁中浸泡 2～3 天（用保鲜膜包好，防止醋挥发），到萝卜条浸泡到恢复原先刚切好的饱满状态时即为成品。

十六、泡红萝卜皮

1. 原料配方

红萝卜 500g，新老混合盐水 500g，食盐 15g，白酒 5g，红糖 10g，醪糟汁 10g，干红辣椒 10g，香料包（八角、花椒、白菌、排草各 1g）1 个。

2. 工艺流程

原料处理→晒蔫→入坛泡制→成品

3. 操作要点

（1）原料处理、晒蔫　选鲜红、质嫩无黑点红萝卜，削皮后将皮洗净，晒蔫待用。

（2）入坛泡制　将各料调匀装坛内，放入萝卜皮与盐水、香料包，盖上坛盖，掺足坛沿水，略泡即成。

4. 注意事项

① 选用鲜嫩、不空心的红萝卜为佳。

② 削皮时不宜大薄，泡入味即可食用。

十七、泡甜酸小萝卜

1. 原料配方

小萝卜 10kg，老盐水 5kg，新盐水 5kg，盐 300g，红糖 2kg，醋 1kg，干辣椒 250g，白酒 100g，料酒 100g，花椒 50g，香料包（八角、花椒、白菌、排草各 20g）1 个。

2. 工艺流程

原料处理→码坛泡制→成品

3. 操作要点

（1）原料处理　选大小一致的嫩健小萝卜，先去顶，去根须，洗净，晒蔫，用盐加少量凉开水渍 3 天，捞出，晒干附水。

（2）码坛泡制　把各种调料调匀与小萝卜一起入坛，放入香料包，用手按实，再用竹片卡紧，盖坛水封，泡 10 天左右即成。如果老盐水不足，也可少用些，用新盐水补充缺少的那一部分。

十八、泡甜酸胡萝卜

1. 原料配方

小胡萝卜 10kg，老盐水 5L，新盐水 0.5L，红糖 2kg，醋 0.5kg，料酒 0.1kg，白酒 50g，干辣椒 125kg，花椒 48g，香料包（八角、白菌、排草各 20g）1 个。

2. 工艺流程

原料整理→腌制→装坛泡制→成品

3. 操作要点

（1）原料整理　将小胡萝卜洗净，沥干，晾晒至稍软。

（2）腌制　用盐腌制 3 天。捞出晾干。

（3）装坛泡制　各种调料调匀，与小胡萝卜一起入坛，用篾片卡紧，盖好坛盖，添足坛沿水，密封坛口。泡 10 天即可食用。

十九、泡红圆根萝卜

1. 原料配方

红圆根萝卜 1000g，干红辣椒 15g，新盐水 500g，白酒 5g，老盐水 500g，食盐 25g，红糖 10g，醪糟汁 10g，香料包（八角 0.7g，香草 0.7g，豆蔻 0.7g，花椒 1.5g，滑菇 5g）1 个。

2. 工艺流程

原料处理→腌制→拌料泡制→成品

3. 操作要点

(1) 原料处理　选鲜嫩的红圆根萝卜，去顶及须根，洗净，切成条，沥干。

(2) 腌制　加盐拌匀，腌制 5h 左右捞起，晾干表面水分。

(3) 拌料泡制　将各种调料拌匀装入泡菜坛内。放入萝卜条及香料包，用竹篾卡紧，盖上坛盖，水封密封，浸泡 1 天即可。

第二节　茎菜类泡菜

一、糖蒜

1. 原料配方

鲜蒜 1000g，白糖 400g，盐 20g，水适量。

2. 工艺流程

原料整理入坛→腌泡→撒糖→泡制→成品

3. 操作要点

(1) 原料整理入坛　将鲜蒜剥去老皮，码入干净的小坛内，码时一层蒜撒一层盐。1000g 蒜先撒 12g 盐，最后在上面浇上 30g 清水。

(2) 腌泡　腌泡 12h 后，往蒜坛里续入清水，要没过蒜。3 天之后，每天换 1 次水，连续 7 天，以除去蒜中的辣味。

(3) 撒糖　将蒜捞出，放一净盆内，撒入白糖并用手将糖均匀搓在蒜上，然后把蒜装入坛中。每装一层蒜，再撒些白糖，直到将糖撒完。

(4) 泡制　取 100g 清水，加入剩余的 8g 食盐，上火熬开，然后晾凉，徐徐倒入坛内。然后再用两层纱布封盖坛口，并用细绳扎紧，放置室内阴凉处，约 50 天后即可食用。

4. 注意事项

① 要挑选无病虫害的蒜，大小最好均匀，以便入味均匀。

② 撒白糖时要撒得均匀，使每个蒜都能沾上白糖。

二、泡洋葱

1. 原料配方

洋葱 1000g，一等老盐水 1000g，食盐 40g，白酒 15g，干红辣椒 20g，红糖 10g，醪糟汁 10g，香料包（八角 1g，香草 1g，豆蔻 1g，花椒 2g，滑菇 7g）1 个，25％食盐水适量。

2. 工艺流程

原料选择→整理、清洗→切制→盐腌→泡制→成品

3. 操作要点

（1）原料处理 选择鲜嫩无伤痕、无腐烂、个体大而均匀的扁圆形洋葱，剥去表皮，在清水中淘洗干净，放入 25％食盐水（出坯盐水）中出坯 2 天，取出晾干表面的水分待用。

（2）泡制 老盐水放入坛中，下食盐、白酒、红糖、醪糟汁搅拌均匀，放入干红辣椒、洋葱、香料包，盖上坛盖，掺足坛沿水，泡 2 天后即可食用。

三、泡大葱

1. 原料配方

大葱 2000g，一等老盐水 2000g，红糖 20g，白酒 30g，醪糟汁 20g，食盐 50g，干红辣椒 30g，香料包（八角 1g，香草 1g，豆蔻 1g，花椒 2g，滑菇 7g）1 个，25％食盐水适量。

2. 工艺流程

原料选择→整理、清洗→切制→盐腌→泡制→成品

3. 操作要点

（1）原料选择 选个大均匀、鲜嫩无伤的大葱。

（2）整理、清洗　大葱剥去表皮，洗净，入清水退去浆汁，捞起沥干。干红辣椒用水洗净。

（3）切制　大葱切成5cm的葱段。干红辣椒去蒂后洗净，切成1cm宽的小段。

（4）盐腌　将葱段放入浓度为25％的盐水中盐渍7天，捞出葱段，晾干附着在表面的水分。

（5）泡制　将各料调匀装坛内，放入大葱及香料包，盖上坛盖，添足坛沿水。泡2天即成。装坛时，应当装满。保持坛沿水不干。此菜即泡即食，勿久储。

四、泡分葱

1. 原料配方

分葱5000g，4％的盐水适量，干辣椒丝适量，红糖适量，白酒适量。

2. 工艺流程

整理、清洗→发酵→成品

3. 操作要点

（1）整理、清洗　将分葱去除黄叶，用清水冲洗干净，沥净水分。

（2）发酵　将干辣椒丝、红糖和白酒放入盐水中搅拌均匀，倒入装有分葱的坛中。浸泡2天后即可食用。

4. 注意事项

① 装坛时，应当装满。保持坛沿水不干。
② 此菜即泡即食，勿久储。

五、泡香葱

1. 原料配方

香葱5000g，精盐750g。

2. 工艺流程

整理、清洗→泡制→成品

3. 操作要点

（1）整理、清洗　将香葱去掉黄叶、根须，洗净控干水分后待用。

（2）泡制　葱放入盆中加盐搓擦一下，装入干净的坛内压紧，封好口，放 20 天即可食用。食用时也可加少许味精调拌。装坛时，应当装满、填实。保持坛沿水不干。

六、泡蒜薹

1. 原料配方

蒜薹 5kg，盐 500g，姜 100g，鲜辣椒 100g，白酒 50g。

2. 工艺流程

原料整理→入坛泡制→成品

3. 操作要点

（1）原料整理　将蒜薹洗干净，放入开水中焯一下，控干水分。

（2）入坛泡制　将生姜、辣椒、盐同时放入坛中，加少量白酒，搅拌均匀，放入焯好的蒜薹，腌泡 30 天即成。

七、泡生姜

1. 原料配方

嫩姜 5000g，盐 1000g，凉开水 1500g。

2. 工艺流程

原料整理→入坛泡制→成品

3. 操作要点

（1）原料整理　将嫩姜去皮、根，洗净，晾干。

（2）入坛泡制 将嫩姜装入泡菜坛内，把凉开水和盐加入坛内，盖好盖子，添足坛沿水，10 天后即可食用。

八、泡子姜

1. 原料配方

新鲜子姜 1000g，一等老盐水 1000g，食盐 50g，鲜小红辣椒 50g，白酒 20g，红糖 10g，香料包（花椒、八角、桂皮、小茴香各 5g）1 个。

2. 工艺流程

原料整理→入坛泡制→成品

3. 操作要点

（1）原料整理 先将子姜刮掉粗皮，去老茎，而后将姜洗净，放在净水中泡 2～5 天，作为预处理，捞起，放到阳光下晾干附着的水分，待用。

（2）入坛泡制 将老盐水倒入坛中，先放入 5g 红糖，同时放入盐和白酒并搅匀，放入辣椒垫底，再加入子姜，待装至一半时，再放入余下的红糖和香料包，继续装余下的子姜。而后用竹片在姜上面卡住，使姜不会移动和漂浮。盖上坛盖，添足坛沿水，约泡 1 周即成。

4. 注意事项

① 选料时应选带泥、老根短、芽瓣多的鲜子姜作原料。

② 盐水宜用一等老盐水。如果老盐水不足，也可用老盐水接种新的盐水，但其效果不如前者好。

九、泡洋姜

1. 原料配方

洋姜 5000g，辣椒 500g，盐 800g，五香粉 100g，陈皮 80g，花椒 8g，生姜片 5 片。

2. 工艺流程

容器准备→原料整理→拌料入坛→泡制→成品

3. 操作要点

（1）容器准备　预备一泡菜坛子，里外洗净，内壁擦干。

（2）原料整理　选好洋姜，去皮，洗净，切片，晒成半干。

（3）拌料入坛　将姜片与调料拌匀，将拌好的菜料装入盛器内。

（4）泡制　坛内添加老盐水没过菜料，密封坛口。30 天后即可食用。泡制 30 天时，要把陈皮拣出。

十、泡苤蓝

1. 原料配方

苤蓝 2000g，一等老盐水 2000g，干红辣椒 100g，红糖 40g，食盐 20g，白酒 20g，醪糟汁 20g，香料包（花椒、八角、桂皮、小茴香各 10g）1 个。

2. 工艺流程

原料选择→清洗、整理→晾晒→装坛→泡制→成品

3. 操作要点

（1）原料选择　选择鲜嫩苤蓝作为原料。

（2）清洗、整理　将苤蓝洗净，削去表皮，去皮后的苤蓝勿碰损、切破，应完整入坛。

（3）晾晒　洗净后的苤蓝捞起，晾干附着的水分。

（4）装坛　老盐水倒入坛中，放入红糖 20g、食盐、白酒和醪糟汁并搅匀，放入辣椒垫底，再加入苤蓝，待装至一半时，放入余下的红糖和香料包，继续把苤蓝装满，用篾片卡住，不使移动，盖上坛盖，添足坛沿水。

（5）泡制　通风阴凉处，泡制 10 天左右即为成品。

4. 注意事项

① 苤蓝去皮后勿碰损、不切破，要完整地入坛。

② 老苤蓝粗纤维多，不宜泡制。

③ 愿意吃咸味，食盐还可适当增加。

十一、泡芋头

1. 原料配方

芋头 2000g，一等老盐水 2000g，干红辣椒 100g，20%～25%盐水适量，红糖 30g，香料包（花椒、八角、桂皮、小茴香各 10g）1 个。

2. 工艺流程

原料整理→入坛泡制→成品

3. 操作要点

（1）原料整理　选优质芋头，去粗皮，洗净，置于浓度 20%～25%盐水中预处理 5～6 天，捞起，沥干附着的水分。

（2）入坛泡制　将各种料调匀，装一净坛内，放入芋头及香料包。用竹片卡紧，上面压一重石。盖上盖，添足坛沿水，泡 1 个月即成。

4. 注意事项

① 芋头预处理时，宜咸度稍重，可用 20%～25%的盐水，也可以再适当增加预处理的天数。

② 此菜可较长时间储存，在储存期可以经常检查，适当加作料和盐，以保证味不变，菜不烂。

十二、泡大蒜

1. 原料配方

大蒜 1000g，食盐 200g，新盐水 75g，白酒 15g，干红辣椒 10g，红糖 15g，香料包（花椒、八角、桂皮、小茴香各 5g）1 个。

2. 工艺流程

原料整理→入坛泡制→成品

3. 操作要点

（1）原料整理　选新鲜大蒜，去粗皮，洗净后用食盐、白酒拌匀，放盆内腌 10 天，两天翻动 1 次，捞出，沥干。大蒜要选个大、无病害的，以保证泡菜质量。

（2）入坛泡制　将备料调匀，装坛内，放入大蒜及香料包。盖上坛盖，添足坛沿水，泡 1 个月即成。

十三、腊八蒜

1. 原料配方

大蒜头 1000g，白糖 300g，醋 500g。

2. 工艺流程

容器准备→原料整理→泡制→成品

3. 操作要点

（1）容器准备　用一干净盛具，最好用开水煮过消毒，作为泡腊八蒜的容器。

（2）原料整理　选好大蒜，去皮洗净，晾干。

（3）泡制　将大蒜先泡入醋内，再加入白糖拌匀，置于 10～15℃的条件下，泡制 10 天即成。

4. 注意事项

① 此泡蒜多于腊月初八那天泡制，故称腊八蒜。过去认为这天泡制与其他时间泡制的味道不一样，这是没有根据的，但是在腊月初这个季节泡蒜确实气候适宜，放在室内阴凉处，温度很合适。

② 南方称此泡蒜为"翡翠蒜"。

③ 醋、糖的配量还可以适当变换，但不可变动过大。

十四、泡芹菜

1. 原料配方

芹菜 2000g，老盐水 2000g，精盐 40g，干辣椒 50g，醪糟汁 10g，红糖 10g。

2. 工艺流程

原料整理→入坛→泡制→成品

3. 操作要点

（1）原料整理　芹菜去叶，洗净，晒干附着的水分。

（2）入坛　将各料入泡菜坛内，调匀，放入芹菜。

（3）泡制　盖上坛盖，添足坛沿水，泡 1 天即成。

4. 注意事项

① 芹菜要挑选嫩的。如果菜梗过长，可切成适当小段。

② 调料水一定要没过芹菜，否则，露在外边的芹菜可能发黄变坏。

十五、泡芹黄

1. 原料配方

芹黄 500g，一等老盐水 500g，食盐 5g，红糖 5g，白菌 5g，醪糟汁 5g，干红辣椒 15g，香料包（八角、花椒、白菌、排草各 5g）1 个。

2. 工艺流程

原料整理→入坛、泡制→成品

3. 操作要点

（1）原料整理　选新鲜质嫩的芹黄去叶后洗净，晾干表皮水分；放入盐水中出坯 2h，捞起沥干水分待用。

（2）入坛、泡制　将各料调匀入坛内，放入芹黄和白菌，盖上坛盖，泡 3h 即可食用。此菜适宜"洗澡"泡制，不宜久泡。此菜可用瓶或缸钵泡制，更加方便。

十六、泡韭黄

1. 原料配方

韭黄 500g，一等老盐水 500g，食盐 5g，红糖 10g，白菌 10g，醪糟汁 10g，干红辣椒 15g，香料包（八角、花椒、白菌、排草各 5g）1 个。

2. 工艺流程

原料整理→入坛、泡制→成品

3. 操作要点

（1）原料整理　选新鲜无腐烂的韭黄，洗净，晾干附着的水分；放入盐水中出坯 2h，捞起沥干水分待用。

（2）入坛、泡制　将各料调匀入坛内，放入韭黄和香料包，盖上坛盖，泡 3h 即可食用。

十七、泡冬笋

1. 原料配方

新鲜冬笋 4000g，一等老盐水 4000g，干红辣椒 200g，红糖 80g，白酒 40g，淡盐水适量。

2. 工艺流程

原料整理→入坛泡制→成品

3. 操作要点

（1）原料整理　将冬笋削去外壳和质老部分，洗净，用淡盐水预处理 4 天，捞起，晒干附着的水分。

（2）入坛泡制　将备料调匀，装坛内，放入冬笋，用竹片卡紧。盖上坛盖，添足坛沿水，约泡 1 个月即成。

4. 注意事项

① 削笋尖外壳时应仔细，勿伤笋肉或将其折断。

② 预处理时要注意盐水要淡些，一般用浓度 10％～15％盐水即可。

十八、泡春笋

1. 原料配方

净春笋 1000g，食盐 50g，料酒 30g，八角 5g，辣椒粉 30g，桂皮少许，水适量。

2. 工艺流程

加料煮制→泡制→成品

3. 操作要点

(1) 加料煮制　将春笋用不锈钢刀切成两瓣或四瓣，用盐水煮开，再放入八角、桂皮、料酒等煮半小时左右，去沫，连汤带笋倒入盆中凉透。

(2) 泡制　取泡菜坛一只，倒入凉透的原料，加辣椒粉，注意汤水不能过多，以刚好淹没菜体为宜。盖好坛口，1 周后即可食用，食用时可根据需要进行改刀。

装坛时注意装满、压实。坛沿应当保持有水。

十九、泡高笋

(一) 方法一

1. 原料配方

高笋（芝白）2kg，一等老盐水 2kg，白酒 20g，干红辣椒 40g，红糖 40g，食盐 200g，香料包（大料 1g、香草 1g、豆蔻各 1g，花椒 2g，滑菇 7g）1 个。

2. 工艺流程

原料处理→装坛→泡制→成品

3. 操作要点

（1）原料处理　选用新鲜高笋，去老皮和质老部分，洗净，预处理3～4天，捞起晾干附着的水分。

（2）装坛　将老盐水、红糖、白酒混合，搅拌均匀，使红糖溶解，装入坛内，放入高笋、干红辣椒及香料包。要经常更换坛沿水。禁止油污和生水进入坛内，取菜时要使专用筷子，以防止细菌污染。

（3）泡制　用篾片卡紧，盖上坛盖，掺足坛沿水，泡7天即成。

（二）方法二

1. 原料配方

高笋1kg，咸卤水1.2kg，鲜红辣椒100g，姜50g，白酒10g，食盐100g，花椒5g。

2. 工艺流程

原料处理→装坛→泡制→成品

3. 操作要点

（1）原料处理　选用新鲜高笋，洗净晾干。将鲜红辣椒洗净晾干，姜去皮洗净。

（2）装坛　咸卤水倒入坛内，先放调料，再将红辣椒和高笋混合放入，用篾片卡住。

（3）泡制　盖上坛盖，添足坛沿水，泡制约一个星期即可。

二十、泡莲藕

1. 原料配方

莲藕5000g，盐500g，白糖1500g，生姜15g，醋500g，八角8g，水适量。

2. 工艺流程

原料处理→泡制→成品

3. 操作要点

（1）原料处理　将莲藕去皮，洗净，切片，用盐腌 1h，压干水分。莲藕一定要选不过老、无病虫害的，并去根须，以保证泡菜的质量。

（2）泡制　将其他配料放在水锅内，升火煮沸约 5min，停火，晾凉后，同莲藕一起倒入坛内。5～7 天后即可食用。

二十一、泡莴笋

1. 原料配方

莴笋 1000g，一等老盐水 700g，料酒 20g，食盐 10g，干红辣椒 10g，醪糟汁 5g，红糖 5g，香料包（花椒、八角、桂皮、小茴香各 5g）1 个，水适量。

2. 工艺流程

原料整理→入坛泡制→成品

3. 操作要点

（1）原料整理　将莴笋去叶，洗净，去皮，剖成两片或切成短节，在淡盐水（由 10g 食盐与适量水配成）中预处理 2h，捞起，晾干附着的水分。

（2）入坛泡制　将各料调匀装坛内，放入莴笋及香料包，用竹片卡盖上坛盖，添足坛沿水。

二十二、青笋皮

1. 原料配方

青笋皮 1000g，辣椒 80g，食盐 80g，红糖 20g，白酒 20g，水适量。

2. 工艺流程

原料整理→装坛泡制→成品

3. 操作要点

（1）原料整理　选大张、鲜嫩的青菜头嫩皮，去残筋，洗净，晒蔫。食盐和水配成盐水。

（2）装坛泡制　将各料调匀。装坛内，放入青笋皮，加入盐水用石头压住。盖上坛盖，添足坛沿水，泡2天即成。

4. 注意事项

① 装坛时，应当装满、压实。保持坛沿水不干。

② 青笋皮即青菜头、羊角菜的皮。头部的老皮需去掉。

③ 加工时只能晒蔫，不能晒干，去掉2～3成水分即可。

④ 用此法可泡制嫩苗笋皮、萝卜皮等。萝卜皮可适当厚些。

⑤ 此菜皮只宜用洗澡盐水泡食，勿久储。

二十三、糖醋蒜瓣

1. 原料配方

去衣鲜蒜500g，白糖150～180g，米醋100g，水100g，粗盐少许。

2. 工艺流程

容器准备→料汁配制→泡制→成品

3. 操作要点

（1）容器准备　取一带盖大口玻璃瓶（或泡菜坛子），清洗干净，加水煮沸消毒，沥干，使瓶内无水滴。

（2）料汁配制　将白糖、米醋及粗盐、水混合烧开，冷却后放入瓶中，配成料汁。

（3）泡制　鲜蒜瓣先在清水中浸泡1昼夜，其间每隔5～6h换水1次，以减少辛辣味，然后捞出，沥水晾干，放入配料汁中，要求配料汁没过蒜瓣，盖紧。40天以后即可食用。

二十四、桂花生姜

1. 原料配方

鲜生姜1000g，盐80g，蜂蜜200g，白糖100g，凉开水130g，

桂花 20g。

2. 工艺流程

原料整理→入坛泡制→成品

3. 操作要点

（1）原料整理 将鲜生姜去皮，洗净，用盐腌 10 天后，捞出晒干，切成薄片。

（2）入坛泡制 把白糖放入锅内熬化，当起白沫时加入蜂蜜和水搅匀后，再撒入桂花，待制成的桂花糖浆冷却后，加进生姜片，拌匀入坛，浸泡 15 天即成。

4. 注意事项

① 使用鲜桂花，不可太老，以盛放时的桂花为好。

② 蜂蜜的质量也要好些，如果质量不佳，可以先熬一下，去杂质。

二十五、五味姜片

1. 原料配方

生姜 1000g，八角 5g，盐 100g，小茴香 3g，米醋 50g，水 80g，甘草 30g，桂皮 20g。

2. 工艺流程

原料整理→入坛泡制→成品

3. 操作要点

（1）原料整理 将生姜去根须，刮去外皮，用清水洗净沥干后，用盐水腌渍 3 天。然后将盐水沥去，晒半天后，切成小片，并用刀背将姜片打成薄片，用清水漂洗 1 遍，去掉姜的辣味，然后捞出在阳光下晒干。

（2）入坛泡制 将桂皮、八角、小茴香、甘草加 80g 水，熬成卤汁，加入米醋，把姜浸入汁内，泡 2 天，捞出晒干，即可食用。

二十六、糖醋咸蒜

1. 原料配方

（1）配方 1　鲜大蒜头 100kg，食盐 10kg，食醋 35kg，白糖 18kg。

（2）配方 2　鲜大蒜头 100kg，食盐 10kg，食醋 35kg，红糖 9kg，糖精 2.5kg。

2. 工艺流程

原料选择→预处理→盐腌→倒缸→晾晒→糖醋液的配制→糖醋渍→封坛→成品

3. 操作要点

（1）原料选择　选用鳞茎颗粒整齐、肥大、肉质鲜嫩、蒜皮白色、七八成熟的新鲜大蒜头为原料。剔除有病虫害和严重机械伤害的蒜头。

（2）预处理　削去须根和茎叶，但要保留 1.5～2cm 长的假茎，以防蒜头表面粗老的鳞片，留 2～3 层嫩皮，然后用清水漂洗，沥干水分。

（3）盐腌　按鲜蒜头与食盐质量 10∶1 的比例，将蒜头与食盐逐层装入缸内摆平，进行盐腌。通过盐腌可使蒜头紧缩，防止散瓣，并可脱除蒜的部分辛辣味。

（4）倒缸　盐腌过程中，每天早晚各倒缸 1 次，直至盐卤能腌到全部蒜头的 3/4 处为止，在缸中蒜头的中央留一个空穴，以使盐卤流入空穴中，然后每天用勺将缸内盐卤浇淋在缸面蒜头上面，连续浇淋 7 天，即为咸蒜头。

（5）晾晒　将腌好的咸蒜头捞出，摊放在竹席上进行晾晒。日晒时需经常翻动，夜间予以覆盖防雨。一般晾晒 3～4 天，晒至蒜皮有韧性为止，一般 100kg 咸蒜头晒至 70kg 即可。

（6）糖醋液的配制　按每 100kg 半干咸蒜头，用食醋 70kg、白糖 36kg，或每 100kg 半干咸蒜头用食醋 70kg、红糖 18kg、糖精 5g 的比例，先将食醋煮沸后，加入白糖（或红糖、糖精），使其溶解，搅拌均匀，晾凉，制成糖醋液备用。

（7）糖醋渍　将半干的咸蒜头装入干净的坛中，边装边轻轻压紧，一般装至半坛或 2/3 坛，留有一定的空隙，灌入已配好的糖醋液，进行浸渍。糖醋液用量与蒜头的比例，一般为（0.8～1）∶1。

（8）封坛　装好坛后，在坛口处用竹片呈十字形卡住，以防蒜头上浮。然后用塑料薄膜覆盖好坛口，用绳捆扎封严坛口；也可用油纸、牛皮纸覆盖坛口，用绳捆扎，再涂敷三合土将坛口封闭严密。30～40 天即可成熟。大量生产时也可用中等陶釉缸盛装糖醋渍蒜，用塑料薄膜密封缸口。

4. 注意事项

糖醋咸蒜应放在阴凉、干燥的条件下储存，防止日光暴晒或温度过高，同时也应经常保持坛口良好的密封条件，防止因封口不严受潮或进入不干净的水，而引起糖醋咸蒜的软化、腐败、变质。

二十七、五香素参

1. 原料配方

胡萝卜 5kg，辣椒粉 100g，精盐 250g，五香粉 20g，姜丝 250g，花椒粉 5g，白糖 50g，八角粉 10g。

2. 工艺流程

整理、切丝→盐腌、晾晒→装坛→发酵→成品

3. 操作要点

（1）整理、切丝　将胡萝卜去叶和根须后洗净，切成 5cm 长的细丝。胡萝卜晾晒要达到稍软的程度，产品质地才会脆嫩。

（2）盐腌、晾晒　用精盐拌匀，腌 30min 后取出晾晒至半干。

（3）装坛　将姜丝、白糖、辣椒粉、五香粉、花椒粉和八角

粉等调料与晾干的胡萝卜丝拌匀，装入坛中，加入适量的盐水，密封坛口。小胡萝卜入坛后，要用篾片卡紧，盖好坛盖，添足坛沿水，密封坛口，产品才不易变质。

（4）发酵　浸泡 15 天左右即可取出食用。

二十八、泡芋荷秆

1. 原料配方

芋荷秆 500g，泡辣椒水 650g，泡红辣椒 125g，食盐 15g，红糖 5g，白酒 5g，醪糟汁 5g，香料包（花椒、八角、桂皮、小茴香各 1g）1 个。

2. 工艺流程

原料处理→入坛泡制→成品

3. 操作要点

（1）原料处理　挑选新鲜的芋荷秆，撕去皮后洗净晒蔫，切成 8～10cm 长的段，放入盐水中出坯 12h 左右捞起，晒干附于表皮的水分待用。

（2）入坛泡制　将各料调匀后入坛，放入芋荷秆和泡红辣椒，中间塞入香料包，用篾片卡紧，盖上坛盖，掺满坛沿水，2 天后即可食用。

4. 注意事项

① 选料以新鲜的芋荷秆为好。

② 泡制前要出坯 12h。

③ 此菜宜"洗澡"食用，不宜久贮。

二十九、泡青菜头

1. 原料配方

青菜头 1000g，一等老盐水 800g，食盐 25g，干红辣椒 20g，醪糟汁 10g，红糖 10g，香料包（八角、花椒、白菌、排草各 1g）

1 个。

2. 工艺流程

原料整理→泡制→成品

3. 操作要点

（1）原料整理 将青菜头去皮洗净，出坯放入盐水（食盐 25g 和适量水配制）中 2h，捞起沥干。

（2）泡制 将各料调匀装入坛内，放入菜头及香料包，用篾片卡紧，盖上坛盖，添足坛沿水，泡 4h 即可。

4. 注意事项

① 若青菜头较大，泡制时可对剖成两半。

② 此菜宜即泡即食。久储易变软，味过酸。

③ 出坯所用的盐水宜稍咸。

三十、泡甜蒜薹

1. 原料配方

蒜薹 200g，白糖 30g，一等老盐水 60g，新盐水 30g，食盐 6g，白酱油 50g，干红辣椒 2g，醋 34g，白酒 1g，红糖 40g，香料包（花椒、八角、桂皮、小茴香各 1g）1 个。

2. 工艺流程

原料预处理→码坛泡制→成品

3. 操作要点

（1）原料预处理 选新鲜无破皮、大批上市的蒜薹，去须尾，洗净，晒蔫后预处理（用 13°Bé 的盐水泡 5 天，盐水由 6g 食盐和适量水配制），捞起，晾干附着的水分。

（2）码坛泡制 将各料调匀装坛内，放入蒜薹及香料包，用石头压紧，盖上坛盖，添足坛沿水。泡 15 天即成。

4. 注意事项

① 此菜久储不变，可大量泡制。

② 一等老盐水量和新盐水量可以变化，但总量不得减少。

三十一、糖醋蒜薹

1. 原料配方

蒜薹 500g，糖 25g，醋 15g，盐 10g，水适量。

2. 工艺流程

原料预处理→入坛泡制→成品

3. 操作要点

（1）原料预处理　先将蒜薹择洗干净，切成 3cm 长的段，用沸水焯去辣味，捞出，晾去表面水分。

（2）入坛泡制　取一净坛，放进蒜薹，然后放进糖、醋、盐，适当加水，使水没过蒜薹。如此泡制 1 天，即可食用。

4. 注意事项

① 蒜薹一定选嫩健且新鲜的，去掉老梗部分。

② 开始口味稍差，7 天以后味浓微咸，风味大增。

三十二、泡蒜苗秆

1. 原料配方

蒜苗秆 500g，一等老盐水 500g，食盐 10g，白酒 5g，红糖 5g，干红辣椒 10g，香料包（花椒、八角、桂皮、小茴香各 1g）1 个。

2. 工艺流程

原料预处理→入坛泡制→成品

3. 操作要点

（1）原料预处理　选新鲜无腐烂的蒜苗，去须，去叶，留下秆部淘洗干净；用刀切成 10～15cm 长的节，入盐水中出坯 2～3 天，捞起晾干附于表皮的水分，准备入坛。

（2）入坛泡制　入坛泡制时，先将老盐水倒入坛中，下食盐、红糖、白酒入坛搅匀，放入干红辣椒，泡入蒜苗秆，中间塞入香料包，上面用篾片卡紧，盖上坛盖，掺满坛沿水，7天后入味至熟即可食用。

三十三、泡慈竹笋

1. 原料配方

新鲜慈竹笋1000g，一等老盐水1000g，食盐100g，白酒10g，红糖20g，干红辣椒20g，香料包（白菌20g，干辣椒15g，八角5g，排草5g，灵草5g）1个。

2. 工艺流程

原料处理→泡制→成品

3. 操作要点

（1）原料处理　剥去慈竹笋外壳，削掉质老的部分，投入盐水中出坯3天左右捞出，晾干附着的水分，准备入坛。

（2）泡制　将一等老盐水置于坛中，将食盐、白酒、红糖调匀入坛，放入干红辣椒；泡入慈竹笋，加入香料包。用篾片卡紧，盖上坛盖，掺满坛沿水，1个月左右即可食用。

4. 注意事项

① 此菜在入泡前要出坯3天，以去除慈竹笋的苦涩味。
② 此菜不适宜久贮，久贮则风味变差。

三十四、山椒春笋

1. 原料配方

新鲜春笋500g，野山椒1瓶（50g），白醋20g，食盐20g，味精4g。

2. 工艺流程

原料处理→入坛泡制→成品

3. 操作要点

（1）原料处理　春笋剥去壳，改刀成 6cm 长的条，入沸水锅水煮，去除春笋中所含有的草酸及苦涩味，捞出后快速放入凉开水中漂凉。

（2）入坛泡制　将野山椒、野山椒水、白醋、食盐、味精放入容器内搅匀，倒入漂凉的春笋条，用保鲜膜密封容器，泡约 4h 后取出装盘即可食用。

4. 注意事项

① 春笋汆水时间要控制好，时间过短，苦涩味除不尽，时间过长则会影响口感。

② 浸泡味汁不宜过浓，以免压抑春笋的清香味。

三十五、糖醋玉米笋

1. 原料配方

玉米笋 300g，白糖 100g，食盐 1g，柠檬酸 2g，凉开水 400g。

2. 工艺流程

原料处理→入坛泡制→成品

3. 操作要点

（1）原料处理　玉米笋洗净后切成 4 瓣，再改成 5cm 长的条，入沸水锅汆到断生后捞出漂凉待用。

（2）入坛泡制　取一调味缸，放入凉开水、白糖、食盐、柠檬酸调匀，放入晾凉的玉米笋浸泡约 6h，待入味后取出装盘，另取少量泡汁，淋在玉米笋上即成。

4. 注意事项

① 玉米笋要选用粗细均匀的，改刀处理后大小才均匀。

② 掌握好调味品的用量。

三十六、泡芹菜心

1. 原料配方

芹菜心1000g，食盐5g，一等老盐水1000g，红糖5g，醪糟汁5g，白菌5g，干红辣椒25g。

2. 工艺流程

原料整理→入坛泡制→成品

3. 操作要点

（1）原料整理　选大芹菜去老叶，得芹菜心。芹菜心去叶（留作他用），洗净，晾干附着的水分，置于淡盐水内预处理2h，捞起沥干。

（2）入坛泡制　将各料调匀，放入坛内，放入芹菜心，加入白菌。泡3h即可食用。

三十七、泡白莲藕

1. 原料配方

白莲藕2000g，红糖20g，白菌10g，老盐水（如没有，用浓度为25％的盐水）2000g。

2. 工艺流程

原料处理→入坛泡制→成品

3. 操作要点

（1）原料处理　选新鲜、肥厚、质嫩的白莲藕洗干净，从节缝处切断（注意切面不要露孔，不用生锈刀切）放入坛内，倒入盐水腌2天后捞出，晾干盐水切成片。

（2）入坛泡制　将红糖、白菌放入盐水坛内调匀，再放入白莲藕片，用竹片卡紧，盖好坛盖，加足坛沿水。泡7天即成。装坛时注意装满、压实，原料应当洗净。坛沿应当时时保持有水。

三十八、橙汁藕片

1. 原料配方

嫩藕 500g，浓缩橙汁 300g，白糖 75g，食盐 1g，凉开水 100g。

2. 工艺流程

原料处理→入坛泡制→成品

3. 操作要点

（1）原料处理　选新鲜色白的嫩藕刮去皮后切成厚约 0.2cm 的薄片，用清水反复冲洗去除多余的淀粉备用。洗净置旺火上，掺入适量清水，烧沸后下藕片焯至断生捞起，快速用凉开水漂凉。

（2）入坛泡制　将浓缩橙汁、凉开水、白糖、食盐充分调匀，放入藕片浸泡至入味上色后捞出装盘，另取少许泡汁水淋在藕片上即成。

4. 注意事项

① 应选用色白、脆嫩、淀粉含量较少的藕效果才好，且焯水后不易变色。

② 泡藕的橙汁可循环使用，但应添加味料。

三十九、泡水芋茎

1. 原料配方

红水芋茎 1000g，泡辣椒盐水 1200g，泡鲜红辣椒 250g，红糖 10g，食盐 25g，白酒 10g，醪糟汁 5g，香料包（八角、花椒、白菌、排草各 1g）1 个。

2. 工艺流程

原料处理→泡制→成品

3. 操作要点

（1）原料处理　选择新鲜无伤的红水芋茎，撕去外皮，洗净，晒至微干，切成 30cm 长的段，腌制约 12h 捞起，晾干附着的水分。

（2）泡制　将各料调匀，装入坛内，放入红水芋茎及香料包，用篾片卡紧，盖上坛盖，添足坛沿水，泡制 2～3 天即可。装坛时应当装满压实，红水芋茎要求淹没在水中。注意添足坛沿水。

四十、泡绿豆芽

1. 原料配方

绿豆芽 2000g，老盐水 2000g，食盐 60g，干红辣椒 60g，红糖 40g，白酒 20g，醪糟汁 20g，香料包（花椒、八角、桂皮、小茴香各 20g）1 个。

2. 工艺流程

原料整理→入坛泡制→成品

3. 操作要点

（1）原料整理　选新鲜质好的绿豆芽，去掉豆皮洗净，置沸水中烫一下，马上捞起沥干。再用 25% 盐水浸泡 2h，捞起，晒干表面附着的水。

（2）入坛泡制　将老盐水倒入泡菜坛内，加红糖、白酒、醪糟汁，搅匀，放进干红辣椒，再放绿豆芽及香料包，密封坛口，4h 后即成。

4. 注意事项

① 豆芽不宜用出芽过长的，稍出芽最好。

② 本品不宜久存。

四十一、泡黄豆芽

1. 原料配方

黄豆芽 2000g，老盐水 2000g，食盐 60g，红糖 40g，白酒 20g，白菌 20g，泡鲜红辣椒 200g。

2. 工艺流程

原料整理→入坛泡制→成品

3. 操作要点

（1）原料整理 选鲜嫩、无腐烂的黄豆芽去根，洗净。入沸水锅中烫一下，迅速捞起沥干。入盐水中出坯半天，捞出晾干水分。

（2）入坛泡制 将各料调匀后入坛，泡入豆芽，1 天即入味至熟。如果急用，还可去掉豆瓣，只留茎秆，则出坯需要 2h，成熟只要 4h 即可上桌。

4. 注意事项

① 选料以新鲜、无腐的黄豆芽入泡为好。

② 此菜也可"洗澡"泡制，则用玻璃瓶或钵作容器，效果也好。

四十二、泡马铃薯

1. 原料配方

马铃薯 2000g，盐水（凉开水 1500g，盐 500g）2000g，干红辣椒 40g，白酒 40g，醪糟汁 40g，红糖 30g，五香粉 10g。

2. 工艺流程

原料整理→泡制→成品

3. 操作要点

（1）原料整理　选优质马铃薯去皮、洗净，对剖成两半，放水中泡 6h，捞起晾干水分，放入干净坛中。

（2）泡制　将红糖、干红辣椒、白酒、醪糟汁、五香粉放到适量水中，搅拌至红糖、食盐溶化，倒入装马铃薯的坛中，盖上坛盖，加足坛沿水，泡 10 天即成。装坛时注意装满、压实。原料应当洗净。坛沿应当时时保持有水。

四十三、泡韭菜花

1. 原料配方

韭菜花茎秆 500g，一等老盐水 500g，食盐 10g，白酒 5g，红糖 5g，干红辣椒 10g，香料包（八角、花椒、白菌、排草各 5g）1 个。

2. 工艺流程

原料整理→入坛、泡制→成品

3. 操作要点

（1）原料整理　选新鲜的无腐烂的韭菜花，去掉花朵和质老部分，留下茎秆洗干净；用刀切成 10～15cm 的段节，入盐水中出坯两天，捞起后晾干附于表面的水分，准备入坛。

（2）入坛、泡制　将一等老盐水置于坛中，下食盐、白酒、红糖，入坛搅匀；放入干红辣椒，泡入韭菜花，加入香料包，用篾片卡紧盖上坛盖，掺满坛沿水，两天后即能食用。

四十四、泡青菜头皮

1. 原料配方

青菜头嫩皮 500g，一等老盐水 700g，食盐 20g，红糖 5g，白酒 5g，干红辣椒 20g，香料包（八角、花椒、白菌、排草各 1g）1 个。

2. 工艺流程

原料整理→泡制→成品

3. 操作要点

（1）原料整理　挑选大张、鲜嫩的青菜头皮，取其残筋，淘洗干净，晾晒至蔫后待用。

（2）泡制　先将各料调匀入坛，放入青菜头皮和香料包，用篾片卡紧，再用石头压住，盖上坛盖，掺满坛沿水，2天后即可食用。

四十五、泡玫瑰子姜

1. 原料配方

子姜500g，蜜玫瑰20g，鲜柠檬50g，红糖40g，醪糟汁50g，新老混合盐水500g，盐20g。

2. 工艺流程

原料整理→拌料入坛、泡制→成品

3. 操作要点

（1）原料整理　仔姜洗去泥沙沥干水分；鲜柠檬切成0.5cm的片。将子姜与柠檬片、少许盐拌匀腌渍30min取出，置于通风干燥处晾干表面水分。

（2）拌料入坛、泡制　将新老混合盐水、红糖、醪糟汁、蜜玫瑰放入干净的泡菜坛中搅匀，放入子姜和柠檬片，盖上坛盖，泡约4h即成。

四十六、珊瑚雪莲藕

1. 原料配方

嫩藕500g，白糖150g，柠檬酸2g，食盐3g，凉开水1000g。

2. 工艺流程

原料处理→入坛泡制→成品

3. 操作要点

（1）原料处理　将新鲜嫩藕刮去皮后，切成约 0.2cm 的片，用清水冲洗去多余的淀粉。将锅洗净置旺火上，加入适量清水，烧沸后放入藕片汆水至半熟捞出，快速倒入凉开水中浸漂至凉。

（2）入坛泡制　将白糖、柠檬酸、凉开水、食盐调成甜酸味汁，放入藕片泡至入味后，取出装盘，淋上少许味汁即成。

4. 注意事项

① 应选择色白、无损伤的嫩藕为原料，制作过程中应防止藕变色。

② 味汁中加少许盐，可使甜酸味更可口，食用量以吃不出咸味为准。

四十七、山椒泡玉米笋

1. 原料配方

玉米笋 300g，青椒 50g，甜椒 50g，野山椒 50g，白醋 20g，食盐 20g，味精 5g，泡菜盐水 500g。

2. 工艺流程

原料处理→入坛泡制→成品

3. 操作要点

（1）原料处理　玉米笋洗净后剖成两半，再改成菱形块，入沸水锅汆一会，捞出漂凉；青椒、甜椒去蒂去籽后切成菱形块。

（2）入坛泡制　将泡菜盐水、野山椒、白醋、食盐、味精放入干净的泡菜坛子中搅拌均匀，放入玉米笋、青椒、甜椒泡约 6h，捞出装盘即可。

四十八、泡藠头

1. 原料配方

藠头 2000g，一等老盐水 2000g，食盐 150g，红糖 50g，干红辣椒 30g，白酒 30g，香料包（八角 2g，香草 2g，豆蔻 2g，花椒 4g，滑菇 15g）1 个。

2. 工艺流程

原料整理→腌制→加料泡制→成品

3. 操作要点

（1）原料整理 选新鲜、白净、个大、均匀并较嫩的薤头，洗去泥沙，捞起，晾晒至蔫。

（2）腌制 将晒蔫的薤头放入盆内用食盐、白酒搅匀。腌制 3～5 天，取出，沥干附着的水分，放入坛内。装坛时注意装满压实，并添足坛沿水。

（3）加料泡制 将其余各种配料调匀装入坛内，放入香料包，用石头压紧，盖上坛盖，添足坛沿水，置于通风干燥、洁净阴凉处进行发酵，泡制 1 个月即成。

四十九、珍珠薤头

1. 原料配方

新鲜薤头 400g，白糖 150kg，柠檬酸 4g，食盐 5g，清水 500g。

2. 工艺流程

原料处理→加料泡制→成品

3. 操作要点

（1）原料处理 将新鲜薤头剥去枯皮，切去根蒂和纤细茎部，修成圆形，洗净沥干水分，放入容器内，撒入食盐 4g 拌匀，腌渍 1h 后用清水冲洗，晾干表面水分待用。

（2）加料泡制 锅洗净置于火上，掺入清水烧沸，放入白糖搅匀溶化，撇去浮沫，起锅倒入容器内晾凉，放入 1g 食盐和 4g 柠檬酸搅拌均匀，将薤头放入浸泡 12h 后取出，装盘即成。

4. 注意事项

① 藠头应选色白均匀的，不宜过大。

② 腌渍后再进行泡制，使其脆嫩入味。

第三节 叶菜类泡菜

一、泡油菜

1. 原料配方

油菜 5000g，盐 150g，白酒 25g，五香粉 20g，明矾粉 10g，甘草末 10g。

2. 工艺流程

整理、清洗→晾晒→揉盐→装坛→发酵→成品

3. 操作要点

（1）整理、清洗　将油菜去黄叶、根须，不要弄散，洗干净。

（2）晾晒　将油菜放置于阳光下晾晒至萎蔫。

（3）揉盐　将晒蔫的油菜放在 1 个大盆内，用食盐仔细揉搓，揉至柔软时装入小口坛。

（4）装坛　一层油菜一层五香粉、甘草末、明矾和白酒少许，然后用手压实。

（5）发酵　待装完后，上铺一圈草，用箬竹叶封好，扎紧，然后坛口朝下置于稻草灰堆中，3 个月后即成。

二、泡菜心

1. 原料配方

菜心 200g，盐 30g，白梅子醋 30g，酒引子（也称酒头，也可用酒精度数在 50 度以上的高度白酒代替）10g。

2. 工艺流程

原料预处理→泡制→成品

3. 操作要点

（1）原料预处理　瓢菜帮去叶后洗净得到菜心，出坯1天后捞起，晾干附着的水分待用。

（2）泡制　将各料调匀装坛内。放入菜心及香料包。用篾片卡紧，掺足坛沿水，泡2天后即成。

三、泡包菜

（一）方法一

1. 原料配方

包菜（圆白菜）300g，黄瓜100g，芹菜50g，白糖30g，胡萝卜25g，青辣椒25g，大蒜20g，醋精10g，干辣椒5g，食盐5g。

2. 工艺流程

原料整理→焯菜→泡制→成品

3. 操作要点

（1）原料整理　先将包菜洗净，切成小块；黄瓜洗净切成2cm见方的块；芹菜洗净，切成3cm长的段；胡萝卜去皮，切成小片；青辣椒切成方块；大蒜去皮；干辣椒切段。

（2）焯菜　在锅内加400g清水，烧开。把准备好的蔬菜放入锅内烫一下，焯好捞出来，放入坛内。

（3）泡制　把原锅水加入配好的其余配料，搅拌均匀，冷却后倒入坛内，1天后即可食用。

（二）方法二

1. 原料配方

包菜3000g，胡萝卜2000g，食盐500g，萝卜200g，花椒15g，八角10g，凉开水适量。

2. 工艺流程

原料整理→入坛→泡制→成品

3. 操作要点

(1) 原料整理　将胡萝卜、萝卜收拾好，洗净，小棵不做处理，大棵的一切两瓣；包菜洗净，晒干水分。

(2) 入坛　将胡萝卜、萝卜装入缸（或坛）内，包菜放在上面。

(3) 泡制　把食盐、花椒、八角放入凉开水中，倒入缸（坛）内，让卤水没过包菜。泡4～6天，即可食用。

(三) 方法三

1. 原料配方

包菜1kg，芹菜250g，胡萝卜250g，甜青椒250g，大蒜250g，干红辣椒50g，食盐150g，白糖30g，白醋20g，花椒、大料各适量。

2. 工艺流程

原料处理→控水→配制泡菜盐水→泡制→成品

3. 操作要点

(1) 原料处理　圆白菜洗净切成3cm见方的小块；芹菜择洗干净，切成长4cm的段；胡萝卜洗净，斜切成厚0.4cm的片；青椒洗净，切成小块；大蒜剥去外皮，干红辣椒切段。

(2) 控水　锅内加适量清水（水量应视泡菜坛容量），煮沸后将准备好的原料下入焯一下，捞出后立即放入凉开水中浸泡约1h，捞出沥干。

(3) 配制泡菜盐水　烫菜水趁热加进花椒、大料，煮沸后放食盐、白糖化开，离火晾凉备用。

(4) 泡制　将各种蔬菜、干红辣椒段混匀装坛，兑入白醋，冲入盐水，将菜压实，密封7天可食。

四、泡菜花

(一) 方法一

1. 原料配方

菜花 10kg，白糖 200g，白醋 320g，淡盐水适量，食盐适量，味精少许，鲜姜少许。

2. 工艺流程

原料整理→热烫→辅料处理→装坛泡制→成品

3. 操作要点

(1) 原料整理　将菜花的老根和叶切除，用刀削去花朵表面的污点，在淡盐水中浸泡 0.5h，取出瓣成小朵，再清洗干净。

(2) 热烫　在炒锅内加少许水（能没过菜花即可），置炉火上烧开，放入洗干净的菜花，将菜花烫熟即停火，倒入白醋，10min 后捞出菜花。

(3) 辅料处理　将鲜姜刮去皮，洗干净，切成细末。

(4) 装坛泡制　装坛时注意装满压实，并将菜体全部淹没在水中。要添足坛沿水。

(二) 方法二

1. 原料配方

菜花 10kg，一等老盐水 10kg，食盐 300g，干红辣椒 300g，白酒 200g，红糖 200g，醪糟汁 80g，香料包（八角、花椒、白菌、排草各 20g）1 个。

2. 工艺流程

原料整理→热烫→泡制→成品

3. 操作要点

(1) 原料整理　挑选质嫩、新鲜、无伤痕的花菜，用不锈钢刀切成小朵（不宜过小），去掉茎筋。

（2）热烫　将菜花分为 2～3 次入沸水锅内热烫（一次约烫 5min），捞出，迅速摊晾、晾干。

（3）泡制　将各料调匀装入坛内，放入菜花及香料包，用篾片卡住，盖上坛盖，泡 5 天即可。

五、泡青菜

1. 原料配方

青菜 1000g，干红辣椒 5g，一等老盐水 700g，食盐 25g，红糖 15g，白酒 10g，香料包（八角、花椒、白菌、排草各 1g）1 个。

2. 工艺流程

原料整理→入坛泡制→成品

3. 操作要点

（1）原料整理　选新鲜的宽片青菜拆开，洗净，晒至菜叶稍蔫后，放 25％盐水内预处理 2～3 天捞起，沥干水分。

（2）入坛泡制　将各料调匀，装坛内，放入青菜，再搅匀，放入香料包，用竹片卡紧。盖上坛盖，添足坛沿水。泡 5～7 天即成。

六、泡甘蓝

（一）方法一

1. 原料配方

紫甘蓝 1000g，苹果 100g，胡萝卜 40g，食盐 20g，香叶 1 片，胡椒粒 1g，茴香籽 1g，干辣椒 1g。

2. 工艺流程

原辅料加工→拌料、装坛→发酵→成品

3. 操作要点

（1）原辅料加工　择洗干净的紫甘蓝切成 4～5mm 粗的丝，胡萝卜切成 4mm 左右的丝，苹果切 4 瓣。

（2）拌料、装坛　将切好的紫甘蓝、胡萝卜丝撒上食盐、香叶、胡椒粒、茴香籽、干辣椒拌匀后放入缸内，然后一层苹果、一层紫甘蓝，直至装完，用力按实，压上石头加盖。菜料装坛时，上部要留 15～20cm 空隙，不可装得太满，以防发酵时菜汤外溢。

（3）发酵　放在温度 36～40℃处使其发酵。当紫甘蓝发酵起泡沫时，移至 1～5℃条件下冷藏保存。

（二）方法二

1. 原料配方

紫甘蓝 10kg，食盐 250g。

2. 工艺流程

原料选择→整理、清洗→切分→装桶→发酵→成品

3. 操作要点

（1）原料选择　选用质地脆嫩、结球紧实、无病虫害的新鲜紫甘蓝为原料。

（2）整理、清洗　将紫甘蓝剥除外部的老叶、黄叶、烂叶，削除根茎，然后用清水洗净泥沙和污物，并沥干水分。在加工此菜的过程中，手一定要洁净，不可有油污进入菜中。

（3）切分　将经整理后的紫甘蓝切成 1～1.5cm 宽的细丝。

（4）装桶　将紫甘蓝丝按质量比 40∶1 的配比撒上食盐拌匀，逐层装入桶内，边装边用手或木棒压紧压实，装至八成满，在紫甘蓝菜坯上面用一个小于桶径的木制顶盖，边揉压边压紧菜丝，使被挤压出的紫甘蓝菜汁淹没顶盖。

（5）发酵　将装好紫甘蓝的木桶置于洁净凉爽（温度为 12～20℃）的室内，进行自然发酵，经 10 天左右即可成熟为成品。

七、泡莲花白

1. 原料配方

莲花白 500g，一等老盐水 300g，干红辣椒 10g，红糖 5g，白

酒 5g，食盐 15g，香料包（八角、花椒、白菌、排草各 1g）1 个。

2. 工艺流程

原料处理→腌制→装坛→泡制→成品

3. 操作要点

（1）原料处理　将莲花白洗净，沥干水分，适当切小，晒蔫晾凉冷却待用。

（2）腌制　将一等老盐水放入坛内，将各个辅料倒入坛内并调匀，放入莲花白、香料包，用篾片卡紧，盖上坛盖，盛足坛沿水，泡 10 天左右即可食用。

4. 注意事项

① 应选用新鲜、无虫蛀、见过霜的莲花白。

② 应常翻坛检查，酌加佐料。

八、泡大白菜

1. 原料配方

大白菜 1000g，一等老盐水 800g，食盐 20g，红糖 10g，白酒 10g，醪糟汁 10g，香料包（八角、花椒、白菌、排草各 5g）1 个。

2. 工艺流程

原料处理→腌制、装坛→泡制→成品

3. 操作要点

（1）原料处理　挑选新鲜嫩气的大白菜，去除老叶、根部，置于通风干燥处晾蔫，然后入盐水中出坯 1 天，捞出沥干水分待用。

（2）腌制、装坛　将老盐水倒入坛中，下食盐、红糖、白酒、醪糟汁搅匀，放入大白菜、香料包，用放片卡紧，盖上坛盏掺足坛沿水，泡约 2 天即可食用。

4. 注意事项

① 大白菜质嫩体薄，加工时不能暴晒，一般不沾水。

② 泡制时也可加葱、蒜苗等材料增香。

九、泡辣白菜

1. 原料配方

白菜 500g，凉开水 150g，白萝卜 50g，梨 25g，苹果 25g，葱 25g，蒜 25g，食盐 15g，辣椒粉 15g，味精 1g。

2. 工艺流程

原料处理→腌制→装坛→泡制→成品

3. 操作要点

（1）原料处理　选好白菜，去根，去老帮，把外部大帮掰去两层，其余整体用水洗净，控干水分。大片的菜帮用刀顺剖两瓣，切成 5cm 长的小块。整棵白菜一剖 4 瓣，横刀切成 4 节。将苹果、梨洗净，去核，切成片。将葱、蒜均切成末，白萝卜切成片，备用。

（2）腌制　将切好的白菜和白萝卜用 5g 食盐腌 4h。

（3）装坛　将腌好的白萝卜、白菜控净水，装入坛内。

（4）泡制　把苹果、梨、葱末、蒜末、食盐、辣椒粉、味精放在一起，用凉开水调匀，浇在白菜坛内，卤汁以没过菜料为宜，并用一净石块压在菜上，放在温度较高（25～35℃）的环境下 3～4 天可出酸味，即可食用。

4. 注意事项

① 此泡菜冬天可放在炉旁或暖气旁，以求温度适宜，尽快发酵。

② 苹果、梨要收拾好，去柄，挑选无虫害的果子，否则虫害可导致全坛菜受害。

十、酸辣白菜

(一) 方法一

1. 原料配方

白菜 2500g，干辣椒粉 125g，胡萝卜 500g，醋 15g，食盐

12g，白糖 10g，大蒜 10g，姜 8g，梨 1 个。

2. 工艺流程

原料整理→抹料码坛→成品

3. 操作要点

（1）原料整理 先把白菜去帮，去黄叶，洗净，切成两瓣，用开水焯一下，晾凉，备用。将大蒜、姜、梨（去柄）洗净，切碎；胡萝卜切成细丝。加干红辣椒粉、白糖、食盐、醋一起调成糊。

（2）抹料码坛 将调好的糊均匀地抹在白菜上，然后将白菜刀口向上码入坛内，封口。待 10~15 天后即可食用。

4. 注意事项

① 往白菜上抹调好的糊要做到均匀，最好在刀口上抹一些，以便白菜入味快，口味好。

② 白菜、蒜、姜、梨都要选质量好的，特别是不要有虫害，以保证全坛泡菜不受影响。

（二）方法二

1. 原料配方

白菜 1kg，白糖 100g，白醋 40g，食盐 5g，姜丝 5g，干红辣椒丝 4g，花椒 2g。

2. 工艺流程

原料处理→泡制→成品

3. 操作要点

（1）原料处理 将白菜根和老帮去掉，用清水洗净，从白菜中间改刀切成四瓣，放入沸水锅中焯一下，捞出沥干水分，倒入盆中待用。

（2）泡制 锅上火加入植物油烧热，将姜丝、干红辣椒丝、花椒稍炸后浇在白菜上，白糖、食盐、白醋加入盆内拌匀，泡 1 天后即可食用。

(三) 方法三

1. 原料配方

白菜 10kg，味精 20g，食盐 0.2kg，大蒜泥 100g，辣椒粉 140g，红萝卜丝适量，干姜粉 20g。

2. 工艺流程

原料处理→发酵→成品

3. 操作要点

（1）原料处理　选用上等白菜的菜心。剥掉白菜的老帮，用清水冲洗净后，加盐腌制 3～4 天，取出，控净水分，切成两半。

（2）发酵　由菜心逐层向外夹上配好的辅料，然后装入水缸中压实，用塑料布密封缸口。放置在 15～18℃ 的环境下，发酵 10 天后即为成品。然后立即转入 3～5℃ 的低温环境下进行储藏。

4. 注意事项

① 装缸时应当密封、压实。

② 干姜粉可用鲜姜末 0.5kg 代替。

十一、素泡白菜

1. 原料配方

白菜 1000g，冷开水 500g，萝卜 50g，大蒜 50g，食盐 30g，辣椒 20g。

2. 工艺流程

原料选择整理→第一次泡制→第二次码坛泡制→成品

3. 操作要点

（1）原料选择　整理选择有心的白菜，去掉菜叶和外帮，用清水洗干净，沥干水分，切成 4cm 见方的小块。萝卜洗净，去皮，切成片。

（2）第一次泡制　用 250g 冷开水溶化 15g 食盐，搅拌均匀后盛于陶坛内，再把白菜、萝卜倒入盐水中浸泡 1～2 天。

（3）第二次码坛泡制　捞出白菜、萝卜，倒掉坛内的盐水，然后再把白菜、萝卜放入坛内，码放均匀，撒上辣椒和大蒜，菜料上面压上净石块。用 250g 冷开水溶化剩余的食盐，搅拌均匀，注入陶坛内，再盖好坛盖。两天后，如果菜汤没有淹没菜料，就加些冷开水。经过十几天的泡制，即可食用。

十二、泡黄秧白

1. 原料配方

黄秧白 5kg，一等老盐水 4kg，干红辣椒 125g，醪糟汁、红糖、白酒各 50g，食盐 100g，白菌 25g。

2. 工艺流程

原料处理→泡制→成品

3. 操作要点

（1）原料处理　选鲜嫩黄秧白（不沾水）去边叶根部，晾至蔫。出坯 1 天，捞起沥干。

（2）泡制　各料调匀装入坛内，放入黄秧白，用篾片卡紧，盖上坛盖，掺足坛沿水，泡制 2 天即成。

4. 注意事项

① 保持操作过程中卫生清洁，掺足坛沿水，并经常更换。

② 装坛时，应当装满、压实。

十三、腌白菜叶

1. 原料配方

白菜、姜丝、蒜片、熟芝麻、食盐和白酒适量。

2. 工艺流程

原料处理→泡制→成品

3. 操作要点

（1）原料处理　白菜去帮取叶，洗净控去水分，切成小块，在通风处吹至发蔫，加入姜丝、蒜片和盐，用手搓揉，揉至见菜叶出水即可。

（2）泡制　往揉好的菜叶上撒上熟芝麻，拌均匀。取一个干净的坛或大口玻璃瓶，将揉好的菜叶装入坛中或瓶中压实，面上均匀地洒上少许白酒即封口，1个月后可取食。

4. 注意事项

① 坛或玻璃瓶保持干净，泡制过程中保持坛沿水充足，并经常更换。

② 熟芝麻撒匀，和白菜拌匀，使白菜进味。

十四、糖醋甘蓝

（一）方法一

1. 原料配方

甘蓝 10kg，白砂糖 6kg，胡萝卜 2.5kg，白醋 1.5kg，葱头 2.5kg，干辣椒 660g，黄瓜 2kg，桂皮 0.5kg，花椰菜 2kg，丁香 100g，芹菜 1.5kg，白胡椒 50g，青椒 1.5kg，水 10～15kg，食盐 350g。

2. 工艺流程

原料整理→热烫→糖醋液的配制→入坛泡制→成品

3. 操作要点

（1）原料整理　将修整好的甘蓝洗净，切成 3cm 的方块；将葱头、黄瓜切成小块；将花椰菜洗净，去梗，切成小朵；将芹菜洗净，切成小段；将胡萝卜去根须，洗净切成小片；将青椒去籽，洗净，切成小片。

（2）热烫　将甘蓝片放入沸水中烫一下，迅速捞出，放入冷水中浸泡冷却，然后再捞出，沥干水分；将胡萝卜放入沸水中烫一下，2s后再放进花椰菜朵，翻烫几下，再依次放青椒、芹菜、黄瓜和葱头，待水将沸时（95℃左右）迅速捞出，用冷水浸泡，冷却后捞出，沥干水分，与圆白菜一起装入坛中。

（3）糖醋液的配制　将切碎的干辣椒、丁香、胡椒、桂皮放入沸水中（用水量10～15kg），用小火煮沸20～30min停火，加入白砂糖、白醋、食盐，搅拌均匀冷却后过滤，去掉残渣，制成糖醋液。

（4）入坛泡制　将料汤注入装有菜料的坛中，使料汤淹没菜料，然后盖好坛盖，3天后即可食用。

（二）方法二

1. 原料配方

甘蓝10kg，胡萝卜3kg，食盐300g，白糖2.5kg，白醋1.5kg，香油750g，清水1kg，花椒、干辣椒适量。

2. 工艺流程

原料整理→炒制→糖醋液的配制→泡制→成品

3. 操作要点

（1）原料整理　将甘蓝除去外面老叶，把剩下的逐片剥下来，切去菜叶中间的筋，备用。将胡萝卜去皮，用水洗净，切成长约7cm的丝。

（2）炒制　将锅置火上，倒入香油烧热，投入干辣椒、花椒，煸出香味后去除不用。然后将甘蓝叶、胡萝卜丝下锅，略炒一下，随即出锅，盛入小盆或大口玻璃瓶内。

（3）糖醋液的配制　将锅置火上，加入清水1kg，再加入白糖、白醋、食盐熬成糖醋液。

（4）泡制　将糖醋液倒入装有甘蓝的容器内泡制。12h后即可食用。

十五、泡酸芥菜

1. 原料配方

鲜带叶芥菜2000g，盐10g，凉开水适量。

2. 工艺流程

原料整理→入坛→泡制→成品

3. 操作要点

（1）原料整理　将芥菜头切下，去根须，洗净，用菜擦子擦成细丝。菜叶部分洗净阴干水分，切成小碎块。将菜丝和碎菜叶混合拌匀。芥菜在加工前一定要除去老叶、黄叶，并洗净。

（2）入坛　取一小坛，洗净，将切好的芥菜分批放入坛内，每放一层都要压实。上面可撒入少许封口盐，然后用净石镇压。

（3）泡制　坛内倒入凉开水，淹没菜料，盖好坛盖，放置较温暖处。一般经过 10～15 天自然发酵后即为成品。

十六、泡洋芥菜

1. 原料配方

鲜嫩洋芥菜 200g，一等老盐水 200g，干红辣椒 10g，白酒 10g，红糖 2g，醪糟汁 4g，食盐 5g，香料包（花椒、八角、桂皮、小茴香各 1g）1 个。

2. 工艺流程

原料整理→入坛泡制→成品

3. 操作要点

（1）原料整理　洋芥菜去根部、老叶，洗净，用 15％的盐水预处理 12h，捞起，晒干附着的水分。

（2）入坛泡制　将各料调匀，装坛内，放入洋芥菜及香料包，用竹片卡紧。盖上坛盖，添足坛沿水，泡两天即成。此菜不可久泡，久泡易变质。加工完毕，应放阴凉处存放。

十七、糖醋榨菜

1. 原料配方

咸榨菜 100kg，清水 60kg，冰醋酸 2.4kg，红辣椒 200g，生姜

160g，白糖 36kg，白胡椒粉 40g，丁香 36g，大蒜 200g，豆蔻粉 30g，桂皮 32g。将红辣椒切成末，生姜切成丝。大蒜切成末。

2. 工艺流程

原料选择→切分→脱盐、脱水→糖醋液的配制→入坛泡制→成品

3. 操作要点

（1）原料选择　以腌制为成品的咸榨菜为原料。

（2）切分　将咸榨菜切分成长 5cm、宽 2cm、厚 0.3cm 的薄片，凡不能切成片的部分可切分为细丝或宽、高均为 1.5cm 的颗粒。

（3）脱盐、脱水　将切分后的咸榨菜坯放在清水中浸泡 2～4h 进行脱盐，然后捞出，上架或装入筐内叠置压出 40% 的水分。

（4）糖醋液的配制　按配料比例将丁香、豆蔻粉、桂皮、白胡椒粉等香料加 60kg 水放在锅内，煮沸后改用小火熬煮 30～60min，待温度降到 80℃ 时过滤，再加入白糖，搅拌使其溶解，而后加入冰醋酸，搅拌均匀，晾凉后制成糖醋液，加入生姜丝、大蒜末和红辣椒末。

（5）入坛泡制　入坛后，要盖好坛盖，添足坛沿水，密封坛口。先将脱盐后的榨菜坯与配好的糖醋液在容器中搅拌均匀，然后装入坛内，用竹片横挡在菜面上，使菜完全浸泡在料液内，加盖封好，腌制 5 天后再按每 100kg 榨菜加入白糖 8kg 和冰醋酸 0.3kg 搅拌均匀，加盖封好口，继续腌制 7～15 天即可为成品。

十八、醋渍芥条

1. 原料配方

咸芥菜头 10kg，食醋 8kg，酱油 2kg，生姜 0.5kg，大蒜 0.3kg。

2. 工艺流程

原料选择→切分→脱盐、脱水→入坛泡制→成品

3. 操作要点

（1）原料选择　以腌制为成品的咸芥菜头为原料。

（2）切分　将咸芥菜头削去粗皮和根须，而后切分成长4cm、宽1cm、厚0.5cm的长条；把生姜切成0.1～0.15cm的细丝，将大蒜捣碎，备用。

（3）脱盐、脱水　将咸芥菜条放入清水中浸泡12h左右，中间换水1～2次，进行脱盐。然后捞出，放在筐内进行堆叠，压出20%的水分。

（4）入坛泡制　按配料比例将食醋与酱油放在锅内煮沸，晾凉后制成混合醋液；将切好的姜丝和蒜末与脱盐的芥菜丝混合在一起，装入坛内，然后倒入已配制好的醋液，混拌均匀，进行醋渍。每天翻倒1次。7天后即可为成品。储藏过程中注意密封，每天翻倒时注意防止油污进入坛内。

十九、泡咸雪里红

1. 原料配方

新鲜雪里红1000g，精盐100g。

2. 工艺流程

原料选择→堆放→晾晒、切分→揉盐→装坛→发酵→成品

3. 操作要点

（1）原料选择　选用无虫斑、不冰冻、新鲜、无老黄叶的雪里红。雪里红在加工前一定要除去老叶、黄叶，并洗净。

（2）堆放　将雪里红在室内堆放24～48h，中间翻动1～2次，2天后逐棵用清水冲洗干净。

（3）晾晒、切分　把雪里红挂在干净的绳子上晾晒至萎蔫，手摸有变软的感觉时即可取下，切除老根后再切成寸段或碎末。

（4）揉盐　将碎雪里红放入干净盆内，加入精盐用手揉至雪里红出水。

（5）**装坛** 将雪里红装入坛中，装得越紧实越好。装至坛容积的 4/5 时停止，坛口塞些洗干净且控干水的稻草，将坛口塞紧。

（6）**发酵** 将坛子置于阴凉处，坛沿加满水。2 个月后即可食用。

二十、鲜辣雪里红

1. 原料配方

鲜雪里红 1000g，食盐 60g，梨 20g，花椒粉 20g，辣椒粉 10g，大蒜 10g，10％盐水适量。

2. 工艺流程

整理、清洗→盐腌、晾晒→装坛→发酵→成品

3. 操作要点

（1）**整理、清洗** 将鲜雪里红去除黄叶、老叶、病叶，用清水洗干净。

（2）**盐腌、晾晒** 将雪里红浸泡在浓度为 10％的盐水中，盐渍 2 天，然后捞出用清水冲去盐卤。把咸雪里红置于太阳下晾晒 1 天。

（3）**装坛** 将大蒜剥皮、梨削皮后一起捣碎成泥状，与辣椒粉、花椒粉、食盐、雪里红拌匀装入坛中，用重物压紧，封好坛口。

（4）**发酵** 将坛子置于阴凉处，泡制 30 天左右即成。

二十一、虾油菜花

1. 原料配方

菜花 2000g，虾油 800g，食盐 200g。

2. 工艺流程

原料整理→入坛泡制→成品

3. 操作要点

（1）**原料整理** 将菜花去叶并切成小块，然后投入沸水锅中

略氽一下，捞出用凉水冲凉。

（2）入坛泡制 取干净小坛 1 个，将菜花装入，加入食盐拌匀，腌渍 1 天后，倒入虾油浸泡，约 10 天后即可食用。

二十二、泡萝卜缨

1. 原料配方

萝卜缨 500g，一等老盐水 800g，食盐 15g，红糖 10g，白酒 15g，料酒 5g，香料包（八角、花椒、白菌、排草各 1g）1 个。

2. 工艺流程

原料处理→晒蔫→入坛泡制→成品

3. 操作要点

（1）原料处理、晒蔫 选鲜红、质嫩无黑点的红皮萝卜缨，撕去叶后洗净，晒蔫待用。

（2）入坛泡制 将各料调匀装坛内，放入萝卜缨及香料包，盖上坛盖，掺足坛沿水，泡 1 天即可。

二十三、酸甜包菜丝

1. 原料配方

鲜包菜 10kg，白糖 1kg，食盐 600g，60 度白酒 20g，明矾 20g，柠檬酸 10g，咸姜坯 100g，苯甲酸钠 2g。

2. 工艺流程

清洗、切制→盐腌→脱盐、脱水→拌料、糖渍、泡制→成品

3. 操作要点

（1）清洗、切制 将鲜包菜洗净泥沙，劈成两瓣。在加工此菜的过程中，手一定要洁净，不可使油污进入菜中。

（2）盐腌 一层菜一层盐入缸，第一道用盐 300g，表面撒一点盖面盐，过一夜上下翻动 1 次，再过一夜转缸。下第二道盐 300g，将包菜捞起来，滴干盐水，边转缸边下盐，边压紧，最后

撒一点盖面盐，盖好篾席，上加重物压紧。1周后即成咸包菜坯成品，约为 6kg。

（3）脱盐、脱水　将咸包菜切成细丝，咸姜坯剁成碎丁，用冷水漂洗 2 次，上榨，每 100kg 压干至 12kg 左右。

（4）拌料、糖渍、泡制　出榨后扯散包菜丝，将辅助材料全部投入，拌和均匀，过一夜翻动 1 次，并将包菜丝扒在一边，让糖菜汁流在一边，舀入锅内熬干水分至糖汁牵丝，出锅后摊开晾凉，再倒入包菜丝内搅拌均匀，装坛、装瓶密封，泡制即成。

二十四、泡大刀白菜

1. 原料配方

白菜帮 250g，青椒 20g，甜椒 20g，葱花 5g，食盐 10g，味精 1g，香油 10g，泡菜盐水 300g。

2. 工艺流程

原料处理→装坛、泡制→成品

3. 操作要点

（1）原料处理　选新鲜、色白、质脆嫩的白菜帮洗净后，晾干水分用斜刀片成长 4cm 的块；青椒、甜椒洗净，切成 0.3cm 见方的丝待用。

（2）装坛、泡制　将白菜块、青椒丝、甜椒丝、泡菜盐水、食盐一起入坛泡制入味，捞出后将白菜帮装入盘内摆放整齐，青椒丝、甜椒丝撒在表面，另取少许泡菜汁水，加入味精、香油调匀，淋在白菜帮上，再撒上葱花即成。

4. 注意事项

① 白菜帮刀工处理不宜太细。
② 要选用色浅味淡的泡菜盐水，且泡制时间不宜过长。

二十五、糖醋辣白菜

1. 原料配方

白菜 1000g，盐 50g，香菜 50g，陈醋 50g，白糖 40g，干红辣

椒 40g，味精 1g，豆油 2g，葱 10g，姜 3g，水适量。

2. 工艺流程

原料选择与预处理→装坛→泡制→成品

3. 操作要点

（1）原料选择与预处理　将白菜去根取叶，洗净，切成 5cm 长、2.5cm 宽的段，放入沸水中焯一下，捞出，用凉开水冷却。将香菜洗净，切成 2cm 长的段。葱和姜均切成丝，备用。

（2）装坛　将处理好的白菜装坛。

（3）泡制　把勺置于火上，加豆油烧热，用葱丝、姜丝炝锅，再放入干辣椒炸一下，加入白糖，添适量水烧沸，加入盐、陈醋、味精，稍晾凉，浇在白菜坛内拌匀，放阴凉处腌 2h，撒上香菜段即可食用。

4. 注意事项

① 葱、姜、辣椒一定要炒（炸）出香味再出锅。

② 一次不要腌得过多，能食用 1 周即可，现吃现泡。

③ 用调料拌菜一定要拌匀，否则味道不均匀，效果不佳。

二十六、酸辣白菜丝

1. 原料配方

白菜 500g，干红辣椒 25g，盐 10g，白糖 8g，醋 5g。

2. 工艺流程

原料选择整理→预处理→码坛泡制→成品

3. 操作要点

（1）原料选择　整理选好白菜，去老帮，去叶，洗净，切成筷子头粗、8cm 长的丝。把干红辣椒去柄、去籽，切成细丝。

（2）预处理　将白菜丝、辣椒丝分别用开水焯一下，约 2min 即可，捞出，控净水。

（3）码坛泡制　取净坛，在坛里铺一层白菜丝，撒少许盐，再撒一层辣椒丝，淋少许醋，撒一层白糖。以同样的方法一层一层铺好，将坛盖严。30min后，即可食用。

二十七、芥末白菜墩

1. 原料配方

白菜1000g，白糖50g，醋50g，食盐20g，芥末30g。

2. 工艺流程

原料选择整理→预处理→码坛→泡制→成品

3. 操作要点

（1）原料选择　整理选好白菜，切除白菜根，并将白菜的外面两层菜帮去掉，用清水将白菜洗干净，切除上部菜叶部分（可留作别用），选用带菜梗的紧心部分。

（2）预处理　将紧心部分白菜切成3cm长的段，将白菜段平放在蒸屉内。用沸水浇白菜段，将白菜段烫至五分熟（不能过熟）。

（3）码坛　将烫过的白菜段趁热快速码在无油的盆内或坛中，撒上一层芥末，再撒上一层白糖和食盐，马上盖好盖，不使热气跑掉。按上法再烫一层白菜段码入，再如上撒上芥末、白糖和食盐，如此直至将白菜段码完。

（4）泡制　将醋浇在白菜段上，盖好盖子，两天后即可取食。

4. 注意事项

①白菜段不能烫得太熟，否则做出的白菜墩软而不脆，风味不佳。

②烫好白菜墩后，码入坛内和加料动作都要迅速，尽可能使热气少跑掉。

③最后加醋，除盖严坛盖外，最好用棉被捂严或将坛放入草窝中捂好，这样加工出的芥末白菜墩味道更浓。

二十八、纯酸型泡青菜

1. 原料配方

青菜 3000g，白酒 30g，蒜苗 450g，辣椒粉 150g，食盐 670g，食用碱 0.5g，白糖 150g，凉开水 3000g。

2. 工艺流程

原料整理→揉制入坛→泡制→成品

3. 操作要点

（1）原料整理　选用清明前后采收的细嫩青菜，先晾晒脱水，洗净后将菜叶扯下叠好，切成 3cm 长的片。选用粗大而新鲜的嫩蒜苗，剥去外层老皮，除去根和茎的上部。每 10 根捆成一把，晾晒 4～5 天，切成小段。

（2）揉制入坛　把切好的青菜、蒜苗放入菜盆中，加 300g 食盐、30g 白酒拌匀，轻轻揉搓，使菜汁透出，然后放入坛中。

（3）泡制　用 3000g 凉开水将白糖和剩余的食盐溶解，加入辣椒粉、食用碱，拌匀后装入泡菜坛内，淹没青菜、蒜苗。盖上坛盖，添足坛沿水，每 3 天换 1 次水。泡 3 个月，即可食用。

4. 注意事项

① 各种用具要洗涤干净，不可有油污进入。

② 应选无花心的脆嫩青菜。食用碱不能过量。

二十九、甜酸型泡青菜

1. 原料配方

青菜 300g，糯米酒 150g，蒜苗 45g，辣椒粉 15g，冰糖 15g，食盐 67g，白酒 3g，食用碱 0.1g，凉开水 200g。

2. 工艺流程

原料整理→揉制入坛→泡制→成品

3. 操作要点

（1）原料整理　选用清明前后采收的细嫩青菜，先晾晒脱水。洗净后将菜叶扯下，整齐叠好，切成 3cm 长的段。选用粗大而新鲜的嫩蒜苗，剥去外层老皮，除去根和茎的上部，每 10 根捆成 1 把，晾晒 4～5 天，切成小段。

（2）揉制入坛　将切好的青菜、蒜苗放入菜盆内，加 3g 白酒、30g 食盐拌匀，轻轻揉搓，使菜汁透出，然后放入坛中。

（3）泡制　用 200g 凉开水将冰糖、食用碱和剩余的食盐溶解，加入辣椒粉、糯米酒，拌匀后装入泡菜坛，淹没青菜、蒜苗。盖上盖，添足坛沿水，3 个月后即成。

4. 注意事项

① 要经常添加坛沿水，保持清洁。

② 揉搓青菜时，不要过于用力，不要揉坏菜叶。

三十、酸甜圆白菜

1. 原料配方

圆白菜 500g，胡萝卜 150g，食盐 15g，香油 37.5g，白醋 75g，白糖 125g，花椒、干辣椒各少许。

2. 工艺流程

原料处理→配制泡菜盐水→泡制→成品

3. 操作要点

（1）原料处理　将圆白菜除去外面老叶，把剩下的逐片剥下来，切去菜叶中间的筋，备用。胡萝卜去皮洗干净，切成长约 7cm 的丝。锅置火上，倒入香油烧热，投入干辣椒、花椒，煸出香味后去除不用。然后将圆白菜叶、胡萝卜丝下锅，略炒一下，随时出锅，盛入小盆或大口玻璃瓶内。

（2）配制泡菜盐水　锅置火上加入清水 50g，再加入白糖、白醋、食盐，熬成糖醋卤。

（3）泡制 将糖醋卤倒入圆白菜内，浸泡盐渍。12h 后即可食用。

三十一、纯酸型泡白菜

1. 原料配方

白菜 2000g，白酒（38 度以上均可）25g，食盐 350g，白糖 75g，蒜苗 225g，辣椒粉 75g，食用碱 0.25g，凉开水 1500g。

2. 工艺流程

原料选择与预处理→装坛→泡制→成品

3. 操作要点

（1）原料选择与预处理 选新鲜、无病虫害的白菜，先晾晒脱水，然后冲洗，将菜叶扯下叠好，切成 3cm 见方的块。选新鲜、肥大的嫩蒜苗，除掉根、茎的上部，每 10 根扎一把，晾晒 4～5 天后，切成小段。

（2）装 坛 将切好的白菜、蒜苗放入盆内，加入食盐（150g）和白酒搅匀，轻轻揉搓，使菜汁透出，然后放入泡菜坛中，透出的菜汁不用。

（3）泡制 用凉开水 1500g 将白糖和剩余的食盐（200g）溶化，加入辣椒粉、食用碱，拌匀后，倒入泡菜坛中，淹没白菜、蒜苗，盖上坛盖，盛足坛沿水，泡 3 个月后即可食用。

三十二、甜酸型泡白菜

1. 原料配方

白菜 3000g，糯米酒 1500g，食盐 670g，辣椒粉 150g，蒜苗 450g，冰糖 150g，白酒 30g，食用碱 0.5g，凉开水 2000g。

2. 工艺流程

原料整理→码坛→泡制→成品

3. 操作要点

（1）原料整理　挑选新鲜、无病虫害的白菜，先晾晒脱水，然后进行冲洗、沥干，并将菜叶撕下叠好，切成 3cm 左右的小块。选肥大、新鲜的嫩蒜苗，剥去外层老皮，除掉根和茎的上部，每 10 棵扎成一捆，晾晒 4～5 天，切成小段。

（2）码坛　将切好的白菜、蒜苗放入菜盆，加 300g 食盐、30g 白酒拌匀，轻轻揉搓，使菜汁透出，然后捞出菜料，放入坛中。

（3）泡制　用凉开水 2000g 将 150g 冰糖、370g 食盐和 0.5g 食用碱溶化，加入辣椒粉、糯米酒拌匀，装入泡菜坛内，淹没白菜、蒜苗。盖上坛盖，添足坛沿水。泡制 3 个月后即成。

三十三、纯酸型泡萝卜缨

1. 原料配方

萝卜缨 3000g，食盐 670g，蒜苗 450g，辣椒粉 150g，白糖 150g，白酒 30g，食用碱 0.5g，凉开水 3000g。

2. 工艺流程

原料处理→装坛→泡制→成品

3. 操作要点

（1）原料处理　挑选无虫、无病、无腐烂、无黄叶的嫩健萝卜缨，择去老叶、枯叶，先晾晒脱水至发蔫，再洗净，沥干水分，切成 3cm 长的小块。选用粗壮肥大的嫩蒜苗，剥去外层老皮，除去根和茎的上部，留主要的嫩茎段，并每 10 根捆成一把，晾晒 4～5 天后切成小段。注意各种用具要清洗干净，应选无花蕾的萝卜菜，食用碱不能过量。

（2）入坛　将切好的菜料放入菜盆中，加 300g 食盐、30g 白酒拌匀，用手轻轻揉搓，使菜汁浸出，然后捞出菜料，装入清洗好的坛中。

（3）泡制　把剩余的配料加入 3000g 凉开水中，拌匀后倒入泡菜坛中，以淹没菜料为度。盖上坛盖，添足坛沿水，每 3 天换一次水，3 个月后便可食用。

三十四、泡雪里红

（一）方法一

1. 原料配方

雪里红 1000g，老盐水（无老盐水，可用浓度为 25％的盐水代替）1000g，红糖 10g，醪糟汁 10g，白酒 10g，食盐 5g，香料包（花椒、八角、桂皮、小茴香各 3g）1 个。

2. 工艺流程

原料整理→入坛泡制→成品

3. 操作要点

（1）原料整理　选优质新鲜雪里红洗净切成丝，放入 25％盐水中泡 1 天，捞出，沥干水分。雪里红在加工前一定要除去老叶、黄叶，并洗净。

（2）入坛泡制　将各种调料调匀装入坛内，放入雪里红及香料包，用竹片卡紧，盖上坛盖，加足坛沿水，泡 3 天即成。

（二）方法二

1. 原料配方

雪里红 10kg，一等老盐水 8kg，食盐 600g，红糖 150g，干红辣椒 250g，醪糟汁 100g，香料包 1 个。

2. 工艺流程

原料整理→腌渍→泡制→成品

3. 操作要点

（1）原料整理　将雪里红洗净，去掉老茎、黄叶。

（2）腌渍　曝晒至稍干，均匀地抹上盐（10kg 抹盐 600g），腌渍在缸中，用石头压紧，1 天后取出，沥干涩水。

（3）泡制　将各种配料调匀装入坛内，放入雪里红及香料包，用篾片卡紧，盖上坛盖，添足坛沿水。泡制 2 天即成。

4. 注意事项

① 撒盐时要撒均匀，盐要落透，并严格按规定标准用盐。如果落盐不透或用盐太少，半棵菜因没有撒到盐而发黑，会出现半棵菜黄半棵菜黑的现象。

② 排菜时如有长短菜排在一起，长菜要排得松一点，短菜排紧一点，菜紧的地方多撒一点盐。如果一层菜菜身长短不齐，厚薄不匀，撒盐如有空当，会出现发黑变质的菜堆，上海叫"麻雀窝"。

③ 同一容器要由一个操作人员负责到底，防止差错，避免发生同一容器菜的质量不一致的现象。

④ 要严格根据计划，按时、按质地出菜。淡盐先出，重盐后出，菜质嫩的先出，菜质老的后出。

⑤ 封存的雪里红要经常检查菜卤酸度，特别是夏季，要求每周检查一次。一旦发现 pH 值有连续上升的趋势，要立即处理，不能继续贮存。

⑥ 装坛时注意装满压实，并添足坛沿水。

（三）方法三

1. 原料配方

雪里红 1000g，一等老盐水 700g，食盐 80g，干红辣椒 25g，红糖 15g，醪糟汁 10g，香料包（花椒、八角、桂皮、小茴香各 5g）1 个。

2. 工艺流程

原料整理→入坛泡制→成品

3. 操作要点

（1）原料整理　将雪里红，去老茎，去枯叶，洗净，在日光下晒至稍干发蔫，均匀地抹上盐（比例是 1000g 雪里红拌 50g 盐），闷于坛中，用石头压上，1天后取出，沥干盐水。

（2）入坛泡制　将各料调匀，装坛内，放入雪里红及香料包，用竹片卡住。盖上盖，添足坛沿水，泡两天即可食用。

4. 注意事项

① 均匀地抹盐，也可以采取在雪里红下坛时，一层菜撒一层盐，并用手抹一抹。

② 此菜若长时间储存，就要经常检查，酌情加些作料，特别是加些盐，防止菜质变软、改味。

第四节　瓜果类泡菜

一、泡黄瓜

1. 原料配方

黄瓜1000g，泡菜老盐水1000g，盐50g，干红辣椒20g，红糖10g，白酒10g，香料包（花椒、八角、桂皮、小茴香各2g）1个。

2. 工艺流程

容器准备→原料预处理→入坛泡制→成品

3. 操作要点

（1）容器准备　取一坛刷洗干净，擦干内壁，备用。黄瓜的质量要好，不可用老黄瓜。

（2）原料预处理　将黄瓜洗净，先用25％的盐水泡2h，捞出后沥干。

（3）入坛泡制　将其他各种调料撒入坛内，放入黄瓜，盖上坛盖，封口泡制。

二、酸黄瓜

1. 原料配方

黄瓜1000g，盐30g，青椒50g，白糖100g，红辣椒50g，醋

100g，香菜 10g，香叶 2 片，水适量。

2. 工艺流程

容器准备→原料预处理→腌制→码坛→泡制→成品

3. 操作要点

（1）容器准备　备一坛，洗净，擦干，作为泡腌盛器。

（2）原料预处理　黄瓜去蒂去柄，洗净，剖开去籽，切成柳条状长条；青椒、红辣椒也洗净，去籽，去柄，切成条状；香菜洗净，沥干。

（3）腌制　将黄瓜条放一干净盆中间，青椒丝、红辣椒丝各放一旁，放一层黄瓜撒一层盐，码放完后加 100g 清水。将余下的盐放在最上面，上面再压上扣盆。腌制 4h 后，取出黄瓜、青椒丝、红辣椒丝，轻轻挤出盐水。

（4）码坛　再将黄瓜放入净坛中，放一层黄瓜放一层香菜，最后将青椒丝、红辣椒丝放在一旁。

（5）泡制　将白糖、醋和香菜叶一起调匀，待糖溶化后，香菜叶香味浸出，将此卤汁浇在黄瓜上，放入香叶，盖好坛盖，2～4h 后即可食用。

三、雀翅黄瓜

1. 原料配方

黄瓜 1 根（约 150g），柠檬 75g，白糖 100g，果酸 1g，盐 1g，凉开水 500g。

2. 工艺流程

原料处理→加料泡制→成型→成品

3. 操作要点

（1）原料处理　将黄瓜洗净后剖成两半，去籽，切成五刀一断的斜方块，柠檬洗净后切成片。

（2）加料泡制　将柠檬片、白糖、果酸、盐、凉开水调匀后，放入黄瓜浸泡入味。

（3）成型　把泡入味的黄瓜取出，平放于干净的菜墩上，用刀身平压使其散开呈雀翅形，依次将雀翅黄瓜放入盘中，装盘呈"风车形"，淋上少许甜香柠檬汁成菜。

四、糖醋黄瓜

（一）方法一

1. 原料配方

黄瓜 1000g，盐 50g，白糖 50g，醋 4g。

2. 工艺流程

原料整理→泡制→成品

3. 操作要点

（1）原料整理　将黄瓜洗净，切开，把籽去掉，晾至半干。

（2）泡制　将处理好的黄瓜浸泡在用白糖、醋和盐调成的汁中，密封 15 天，待其自然发酵后即可食用。

4. 注意事项

① 黄瓜要挑选嫩健的，不要用老黄瓜。

② 喜吃咸的可以增加盐量，喜吃甜的可以增加糖量。

（二）方法二

1. 原料配方

黄瓜 100kg，盐 30kg，白糖 40kg，醋 20kg。

2. 工艺流程

原料选择→清洗→盐腌→复腌→脱盐→醋渍→糖渍→二次糖渍、泡制→成品

3. 操作要点

（1）原料选择　选用籽瓤尚未形成或个体很小的鲜嫩乳黄瓜为原料。

（2）清洗　用清水洗净瓜条外表的泥土和污物。

（3）盐腌　将乳黄瓜洗净，放入缸内盐腌，放一层黄瓜撒一层盐，顶层撒盐多一些，每 100kg 加盐 18kg。装完后上面盖上竹篾，压上重石。盐腌 24h 后，沥干，一般脱除 40% 的水分。

（4）复腌　方法与第一次相同，用盐 12kg。黄瓜由鲜绿变为略黄，瓜身变软，有皱纹，质量又减少 20kg。

（5）脱盐　将半成品用刀切为两瓣，再切成细长条，放入清水中浸泡 12h，压上重石，析出一些盐分后，捞出控干，沥水 4h。

（6）醋渍　将经脱盐的瓜条装入缸内，同时灌入相当于瓜条一半质量的食醋进行浸渍。醋渍 12h 后将瓜条捞出，沥去过多的醋液。

（7）糖渍　将瓜条与质量相等的白糖拌匀，装入缸内，进行糖渍。约经过 3 天后，瓜条吸足糖分，并析出一部分水分后，将瓜条捞出放在筐中沥净糖液。

（8）二次糖渍、泡制　再将沥出的糖液放入锅中煮沸，然后将瓜条放入，这时用慢火，并时常搅动瓜条。待瓜条由黄绿色变成青绿色，立即捞出，放在竹篾中摊平，晾凉。同时，把锅里的糖水放到缸里晾凉，再把瓜条放入泡制 3～5 天，待其自然发酵后即为成品。

五、多味盘香黄瓜

1. 原料配方

咸黄瓜 1000g，糖 100g，红辣椒 20g，白醋 40g，姜丝 20g，味精 2g，蒜末 20g，五香粉 2g，虾油 50g，水适量。

2. 工艺流程

容器准备→原料预处理→兑汁→码坛→泡制→成品

3. 操作要点

（1）容器准备　备一坛，洗刷干净，擦干。

（2）原料预处理　将咸黄瓜切成片状，用凉开水浸泡 2h，去咸味，捞出后晾干。

（3）兑汁　把各种调料拌匀，在一碗中或盆中兑成调料汁。

（4）码坛　按一层黄瓜一层调料汁的方法装坛。

（5）泡制　兑好的调料汁倒入坛中，泡腌后的第 2 天，倒坛 1 次。第 6 天即可食用。

4. 注意事项

① 为了多味要求，各种调味料比例较大，如果不喜欢哪一种调味料也可适当减少或取消，但不能取消品种过多，那样就达不到多味的目的。

② 倒坛时要注意盛器和手的洁净，防止由污染造成变质。

六、泡黄瓜卷

1. 原料配方

黄瓜 300g，生姜 15g，红辣椒 15g，白糖 150g，白醋 40g，食盐 3g，冷开水 1000g。

2. 工艺流程

原料预处理→泡制→成品

3. 操作要点

（1）原料预处理　黄瓜洗净切成长约 5cm 长的一段，然后将黄瓜段切成 0.3cm 的片；卷成卷筒型；生姜拍破切丝，红辣椒切成长约 10cm 的丝。

（2）泡制　将白糖、白醋、食盐加入冷开水中调匀，把黄瓜卷、姜丝、红椒丝一同浸渍于调好的甜酸味汁中，泡制 6h，接起装盘成菜。

4. 注意事项

① 黄瓜卷的片要厚薄均匀，不能切断。

② 黄瓜卷泡制时间不能过长。

七、甜乳瓜

1. 原料配方

乳黄瓜 5000g，醋 50g，白糖 750g。

2. 工艺流程

原料预处理→入坛泡制→成品

3. 操作要点

（1）原料预处理　将鲜乳瓜洗净，在 18% 的盐水中浸泡，并坚持 5 天搅动 1 次，泡 20 天后捞出，再放入清水中泡 8h，每隔 2h 搅动 1 次。捞出后，晒去 30% 的水分。

（2）入坛泡制　将处理好的鲜乳瓜拌入白糖、醋，装坛。菜料装坛后，要坚持每天翻动 1 次，待糖全部溶化后封口，30 天即成。

4. 注意事项

① 要挑选那些健康的乳瓜，不可用有虫害的瓜。

② 必须坚持按时按次进行翻动。

八、泡蒜瓜

1. 原料配方

秋季小黄瓜 1000g，白酒 80g，精盐 60g，醋 1000g，大蒜瓣 180g，白矾、石灰少许。

2. 工艺流程

原料预处理→装坛→泡制→成品

3. 操作要点

（1）原料预处理　将小黄瓜洗净。取少量白矾、石灰，加水溶化后取其澄清液，入锅，上火烧沸。投入小黄瓜略焯即捞出（时间不能过长），控干水分，放一净盆内，加入 30g 盐，腌渍 1 天。

两次加盐都要搅拌均匀。

（2）装坛　第二天再入 30g 盐，蒜瓣捣烂成泥，再加入瓜内拌匀，将菜和卤水一同倒入坛内。

（3）泡制　醋入锅，上火熬开，加入白酒，然后晾凉，倒入瓜坛内，浸没黄瓜，放置阴凉处，2～3 日后即可食用。

九、香甜干果片

1. 原料配方

黄瓜 60g，木瓜 50g，食盐 40g，生姜 30g，白糖 30g，白酒 20g。

2. 工艺流程

容器准备→原料整理、预腌制→泡制→成品

3. 操作要点

（1）容器准备　预备一缸或坛，洗净。

（2）原料整理、预腌制　将木瓜、黄瓜择好，洗净，切开去籽，切成薄片，用盐腌 1 天，再用凉水泡 2h，去咸味。把生姜去皮，切成薄片，与木瓜片、黄瓜片拌匀。

（3）泡制　原料放入坛中，加白糖和白酒浸泡 3～4 天，即可食用。

4. 注意事项

① 木瓜和黄瓜都要嫩，无虫害，以保证泡菜质量。

② 一般不要另外加水，以保证菜片干燥。

十、泡冬瓜

1. 原料配方

新鲜冬瓜 1000g，泡菜老盐水 600g，红糖 20g，干红辣椒 25g，石灰水 25g，盐 20g，白酒 3g，香料包（花椒、八角、桂皮、小茴香各 2g）1 个，25％的盐水适量。

2. 工艺流程

原料整理→预浸泡→入坛泡制→成品

3. 操作要点

（1）原料整理　将冬瓜掏出瓜瓤，用竹签扎若干小孔，切成 10cm 长、5cm 宽的大块。

（2）预浸泡　将冬瓜块倒入石灰水中，浸泡 1h 左右，再捞出放入清水中泡半小时，除掉石灰水味。再用浓度 25% 的盐水把冬瓜块泡 3 天。

（3）入坛泡制　把在盐水中泡过 3 天的冬瓜块捞出，晾干，装入坛中，放入其他调料和香料包。盖上坛盖，用水封口，泡 7 天即可食用。

4. 注意事项

① 瓜块在石灰中不可泡时间过长，但泡在水中不可低于半小时，还可以适当延长。

② 冬瓜要去皮，并且要去得干净。

十一、蒜冬瓜

1. 原料配方

冬瓜 2500g，醋 750g，食盐 250g，白矾 15g，蒜瓣 500g，石灰 8g。

2. 工艺流程

原料整理→焯水→入坛泡制→成品

3. 操作要点

（1）原料整理　将冬瓜洗净，去掉皮、瓤，切成一指宽的条；蒜瓣去皮后捣成蒜泥。

（2）焯水　将白矾和石灰放于清水中，溶化后取其澄清液，倒入锅内烧开后，投入瓜条略焯一下，然后捞出控干水分。

（3）入坛泡制　将瓜条放一净瓷器皿中，撒入食盐、蒜泥拌匀。然后再将醋上锅烧沸，晾凉后倒入瓜条中。浸泡数日后即可食用。

4. 注意事项

① 若不采用白矾、石灰水焯瓜条，则需用沸水稍微多焯一会儿也行。

② 本品不宜久储。

十二、橙汁冬瓜条

1. 原料配方

冬瓜 500g，白糖 75g，浓缩橙汁 150g，食盐 1g，凉开水 1000g。

2. 工艺流程

原料整理→入坛泡制→成品

3. 操作要点

（1）原料整理　冬瓜去皮，去瓤，切成长 5cm，粗约 1.5cm 见方的条，入沸水锅中余至断生，捞出后迅速入凉开水中漂凉。

（2）入坛泡制　将白糖、浓缩橙汁、食盐在调味缸中用凉开水充分调匀后，放入冬瓜条用保鲜膜密封，浸泡大约 4h 后取出装盘，淋上少许浸泡原汁即成。

4. 注意事项

① 余冬瓜条时应旺火沸水，时间不宜过长，否则瓜条过熟易塌软，影响成品口感。

② 调制味汁时.注意白糖与橙汁的用量比例，可根据个人口味调制。

十三、柠檬冬瓜条

1. 原料配方

冬瓜 400g，鲜柠檬 100g，白糖 100g，食盐 0.5g，凉开

水 400g。

2. 工艺流程

原料整理→入坛泡制→成品

3. 操作要点

（1）原料整理 冬瓜去皮、去瓤，切成长 5cm，截面约 1cm 见方的条，入沸水锅中余至断生，捞出后快速漂凉待用；鲜柠檬洗净后切 0.2cm 厚的片。

（2）入坛泡制 取一容器，放入凉开水、白糖、食盐、柠檬片充分搅匀．放入漂凉的冬瓜条，用保鲜膜将容器密封，浸泡约 4h 后，将冬瓜条取出装盘淋上少许浸泡原汁即成。

4. 注意事项

① 冬瓜条要粗细均匀，余水时间不宜过长。

② 柠檬可一半切片，另一半直接压取果汁使用。

十四、泡南瓜

1. 原料配方

南瓜 2000g，一等老盐水 1600kg，食盐 60g，干红辣椒 60g，白酒 60g，白矾 40g，红糖 20g，醪糟汁 20g，香料包（花椒、八角、小茴香、桂皮各 20g）1 个。

2. 工艺流程

原料整理→预泡制→入坛泡制→成品

3. 操作要点

（1）原料整理 选新鲜的南瓜，去蒂、洗净，去皮、去瓜瓤，用竹签扎若干孔，将南瓜切成 10cm 长、6cm 宽的长方块。

（2）预泡制 将白矾放盆中，兑入清水，搅拌白矾溶化，放入南瓜块泡 1h，白矾水应淹没南瓜块。捞出南瓜块放入清水中泡半小时，中间换水 2～3 次，除去白矾的涩味，再放入盐水中泡 3 天，捞出沥干水分。

（3）入坛泡制　将盐水放到坛中，再加入食盐、白酒、红糖、醪糟汁，搅拌使食盐、红糖溶化后，放入干红辣椒及南瓜块和香料包。盖上坛盖，加足坛沿水，7天后即可食用。装坛时注意装满、压实。原料应当洗净。坛沿应当时时保持有水。

十五、泡苦瓜

1. 原料配方

苦瓜1000g，老盐水800g，盐20g，红糖10g，白酒10g，醪糟汁10g，香料包（八角、花椒、白菌、排草各2g）1个。

2. 工艺流程

原料选择→整理→晾晒→盐腌→装坛→发酵→成品

3. 操作要点

（1）原料选择　选用肉质肥厚、质地脆嫩、表面纹路较平、无病虫害的新鲜白苦瓜为原料。

（2）整理　将苦瓜摘除果柄，用清水洗净，用刀剖切为四瓣，挖去瓜瓤和种子。

（3）晾晒　置于通风向阳处晾晒，晾晒至稍萎蔫为宜。

（4）盐腌　将晒至稍蔫的瓜条用盐和白酒腌制1天出坯，捞出，晾干表面的水分。

（5）装坛　选用无砂眼、无裂纹、釉色好的泡菜坛，刷洗干净，控干水分。将老盐水、白糖和醪糟汁倒入坛内，搅拌均匀，然后装入出坯苦瓜条。装至半坛时，放入香料包，继续装至八成满，用竹片卡紧，盖上坛盖，注满坛沿水，密封坛口。

（6）发酵　装好坛后，置通风、干燥、清洁处进行发酵。泡制2～3天即可成熟。

十六、泡甜酸苦瓜

1. 原料配方

苦瓜350g，白糖150g，食盐1.5g，白醋30g，凉开水400g。

2. 工艺流程

原料整理→装坛→成品

3. 操作要点

（1）原料整理　苦瓜剖开后去瓢籽，清洗干净，入沸水锅中余2～3min，当苦瓜微软时捞起，迅速放入冷开水中漂冷，捞出沥干水分待用。

（2）装坛　锅洗净后放置火上，掺入清水，放入白糖，用小火熬至白糖融化呈米汤状态时，起锅倒入容器内晾凉，放入食盐、白醋调匀，将苦瓜放入味汁里浸泡2天后入味，即可食用。

十七、泡木瓜

1. 原料配方

木瓜2000g，一等老盐水1000g，白酒20g，白糖100g，食盐20g，白菌20g。

2. 工艺流程

原料整理→腌制→入坛泡制→成品

3. 操作要点

（1）原料整理　选新鲜、均匀、无虫伤腐烂的木瓜，将木瓜洗净沥干，逐一去皮、挖籽后，切成细丝。木瓜不可太老，最好去皮。

（2）腌制　向木瓜丝中加入少量老盐水拌匀，腌渍约15min后将盐水滤除。

（3）入坛泡制　将老盐水放到坛中，再加入食盐、白酒、白糖和白菌，搅拌使食盐、白糖溶化后，放入木瓜。盖上坛盖，加足坛沿水，泡1天即可食用。

十八、泡香瓜

（一）方法一

1. 原料配方

香瓜5000g，25％的盐水5000g，食盐600g，红糖100g，干红

辣椒 100g，白酒 75g，香料包（花椒、八角、小茴香、桂皮各20g）1 个。

2. 工艺流程

原料整理→腌制→入坛泡制→成品

3. 操作要点

（1）原料整理　选择个头均匀的成熟香瓜，将香瓜洗净，用刀切成两半，挖去瓜瓤，再用清水洗后捞出。放在阳光下晾晒至表面有皱纹时收起。

（2）腌制　放入坛中，加盐腌渍，1 天后捞出沥干水分。

（3）入坛泡制　取 25％的盐水倒入刷净的坛内，加入各种调料和香料包拌匀，放入香瓜，用竹片别住原料，以料汤浸没香瓜3cm 为度。盖上坛盖，密封严紧，5 天后可为成品。

（二）方法二

1. 原料配方

香瓜 1000g，白糖 100g，食醋 150g，清水 800g，丁香少许，桂皮少许。

2. 工艺流程

原料整理→制卤汁→入坛泡制→成品

3. 操作要点

（1）原料整理　选优质香瓜洗净，去掉顶和柄，纵切成 4～6瓣，去瓤，再洗净、沥干。

（2）制卤汁　将清水 800g 倒入锅中，置火上煮沸，然后加入白糖，溶化后加醋，搅匀煮沸放凉成卤汁。

（3）入坛泡制　取一干净坛，放入卤汁、丁香、桂皮及香瓜瓣，封好坛口，放到 1～5℃冰箱内，40 天后即成。装坛时注意装满、压实。原料应当洗净。坛沿应当时时保持有水。

十九、泡西瓜皮

1. 原料配方

西瓜皮 5000g，白菜 1500g，卷心菜 1500g，芹菜 1500g，四季豆 1500g，茭笋 1500g，青椒 1500g，食盐 400g，八角 100g，生姜 8g，白酒 8g，花椒 8g，水 5kg。

2. 工艺流程

整理→清洗→切分→配制盐水→装坛→发酵→成品

3. 操作要点

（1）整理　削掉西瓜表面有色的薄皮（外皮）和残留在瓜皮上的瓜瓤。

（2）清洗　将整理后的西瓜皮与白菜、卷心菜、芹菜、四季豆（焯熟）、茭笋、青椒用水清洗干净，沥干水分。

（3）切分　西瓜皮切成 1.5cm 长、1cm 厚的长条形备用。其他原料切成 3～5cm 的菜条或薄片。

（4）配制盐水　以每 5kg 水加 0.4kg 盐的比例，放入锅中加热煮沸，熬成盐水，离火冷却待用。

（5）装坛　把切好的西瓜皮与各种菜料连同花椒、白酒、生姜、八角拌匀，投入洗净并消毒的泡菜坛中，然后倒入冷却后的盐水，密封盖口，注满坛沿水。

（6）发酵　将泡菜坛置于室内，令其自然发酵，10 天以后，即可食用。

二十、泡佛手瓜

1. 原料配方

佛手瓜 5kg，16％的盐水 5kg，红糖 50g，白酒 50g，干红辣椒 40g，生姜 50g，八角、花椒各适量，10％的盐水 3kg。

2. 工艺流程

原料处理→盐水腌渍→入坛泡制→成品

3. 操作要点

（1）原料处理 将佛手瓜洗净，沥干切成三角形块。将生姜洗净，用刀拍松，切成块。将干红辣椒洗净，沥干，一撕两半。

（2）盐水腌渍 将佛手瓜块放入 16％的盐水中漫头浸泡2 天。

（3）入坛泡制 将佛手瓜块取出，控干，放入坛中。将干红辣椒、姜块同时放入坛中拌和。然后将红糖、白酒、八角、花椒放入盆中加入 10％的盐水中搅拌均匀，将佛手瓜倒入坛内，盐水以淹没原料为度。用重物压住，严封坛口，进行乳酸发酵，7 天后即可食用。

二十一、泡丝瓜

1. 原料配方

鲜嫩丝瓜 500g，一等老盐水 250g，食盐 15g，白酒 5g，红糖5g，醪糟汁 5g，白矾 15g，干红辣椒 15g，香料包（花椒、八角、桂皮、小茴香各 2g）1 个。

2. 工艺流程

原料处理→入坛泡制→成品

3. 操作要点

（1）原料处理 选新鲜嫩气的丝瓜刮去表皮淘洗干净。盆内下白矾加清水调匀后将丝瓜在白矾水中浸泡 1h。捞起在清水中漂半小时，除去苦涩味，再放入盐水中出坯 1 天捞起，晾干附着的水分。

（2）入坛泡制 将一等老盐水置坛中，放食盐、白酒、红糖、醪糟汁调匀入坛，放入干红辣椒，泡入丝瓜，加入香料包。用篾片卡紧，盖上坛盖.掺满坛沿水，泡制 2 天即能食用。

二十二、泡笋瓜

1. 原料配方

笋瓜 500g，二等老盐水 500g，食盐 10g，白酒 5g，红糖 5g，干红辣椒 10g，香料包（花椒、八角、桂皮、小茴香各 2g）1 个。

2. 工艺流程

原料处理→入坛泡制→成品

3. 操作要点

（1）原料处理　选皮白黄色、鲜嫩的笋瓜，削去两端，淘洗干净，入盐水中出坯 2h，捞起沥干附于表皮的水分。

（2）入坛泡制　将二等老盐水置坛内，将食盐、白酒、红糖入坛搅匀，先放干红辣椒；泡入笋瓜，加入香料包。盖上坛盖，接满坛沿水，1h 后即可食用。

二十三、泡橄榄

1. 原料配方

橄榄 500g，盐 20g，白糖 15g，蜂蜜 10g，冷开水适量。

2. 工艺流程

原料整理→入坛泡制→成品

3. 操作要点

（1）原料整理　先将橄榄洗净，晾干。橄榄要选脆嫩坚挺、无虫害的，以保证质量。

（2）入坛泡制　将橄榄装缸，然后加入适量冷开水，把调料拌入橄榄，搅拌均匀。调料水必须没过橄榄 2cm 左右，不能沾油。泡制 10 天后即可食用。

二十四、泡苹果

1. 原料配方

苹果 2000g，一等老盐水 1000g，干红辣椒 60g，食盐 100g，白菌 20g，红糖 20g，白酒 20g。

2. 工艺流程

原料整理→入坛泡制→成品

3. 操作要点

（1）原料整理　选新鲜、大小均匀、无虫伤腐烂的苹果，逐一去皮、挖核，用刀剖成两半，放入凉开水中，防止苹果变色。

（2）入坛泡制　在入坛或入罐泡制时，先将一等老盐水注入坛内或罐内，加入食盐、白酒、红糖、白菌拌匀，放入干红辣椒，泡入苹果，盖上坛盖或罐盖，一天后即可食用。装坛时注意装满、压实。坛沿应当时时保持有水。

二十五、泡柚子

1. 原料配方

柚子 1000g，红糖 10g，一等老盐水 1000g，泡鲜红辣椒 200g，食盐 30g，醪糟汁 20g，白糖 20g，白菌 10g。

2. 工艺流程

原料整理→入坛泡制→成品

3. 操作要点

（1）原料整理　选无虫害、无腐烂、无怪味的成熟柚子，去皮，逐一剥出柚子瓣，投入清水中，力求柚子瓣完整。依次剥完柚子后，迅速捞起沥干，准备入坛。

（2）入坛泡制　入坛时，先将一等老盐水倒入坛中，加入食盐、白糖、红糖、醪糟汁于坛中调匀，再放入泡鲜红辣椒，泡入柚子瓣，加入白菌。盖上坛盖，添足坛沿水，1 天后即可食用。

二十六、泡板栗

1. 原料配方

板栗 500g，一等老盐水 500g，川盐 25g，白酒 5g，红糖 5g，醪糟汁 5g，干红辣椒 50g，香料包 1 个。

2. 工艺流程

原料处理→配料泡制→成品

3. 操作要点

（1）原料处理　选个头均匀、无虫伤的板栗，剥壳、去皮、洗净，入盐水中出坯 2～3 天；捞起晾干附着的水分。

（2）配料泡制　将各料调匀入坛，放入板栗和香料包，加入一等老盐水，盖上坛盖，掺满坛沿水，7 天后入味即食。

第五节　辣椒类泡菜

一、泡辣椒

1. 原料配方

辣椒 2.5kg，浓度为 25％的盐水 2.5kg，食盐 50g，红糖 15g，白酒 30g，香料包（白菌、八角、胡椒、桂皮、小茴香各 20g）1 个。

2. 工艺流程

原料整理→入坛泡制→成品

3. 操作要点

（1）原料整理　辣椒去蒂、洗净、沥干，用 50g 食盐腌 5 天，捞出沥干。

（2）入坛泡制　将盐水倒入坛内，加入红糖、白酒搅拌均匀，放入辣椒和香料包，上面压上干净石头，封严坛口。泡 60 天左右待其自然发酵后即成。泡坛水应当完全淹没菜体，保持坛沿水不干。

二、泡柿椒

1. 原料配方

大柿椒 2kg，泡过菜的老盐水 1kg，食盐 300g，红糖 50g，新盐水（凉开水 1kg，盐 200g）1.2g，干辣椒 100g，香料包（花椒、八角、桂皮、小茴香各 10g）1 个。

2. 工艺流程

原料整理→码坛→泡制→成品

3. 操作要点

（1）原料整理　选新鲜硬健、肉厚、无虫伤的大柿椒，洗净剪去茎柄，沥干。

（2）码坛　大柿椒放坛中填实，装至一半时放入香料包，再继续装大柿椒，上面盖一层小红辣椒。装坛应当装满，泡坛水应当完全淹没菜体，保持坛沿水不干。

（3）泡制　将新、老盐水与食盐、白糖混合均匀，倒入装大柿椒的泡坛中，用竹片卡住。盖上坛盖，加足坛沿水，1 个月即成。

三、泡甜椒

1. 原料配方

大红圆辣椒 500g，新盐水 250g，老盐水 250g，食盐 75g，红糖 12g，小红辣椒（或用豇豆、苦瓜）25g，香料包（花椒、八角、桂皮、小茴香各 1g）1 个。

2. 工艺流程

原料整理→码坛→泡制→成品

3. 操作要点

（1）原料整理　选新鲜硬健、肉质厚、无虫害的大红圆辣椒，洗净，剪去茎、柄，晾干附着的水分。

（2）码坛　大红圆辣椒入坛填实，装匀至一半时，放入香料包，再继续装完，面上盖上一层小红辣椒（或豇豆、苦瓜）。此菜适于干装坛法。装坛前，坛子一定要洗净并晾干。

（3）泡制　将各配料调匀后倒入坛内。盐水应淹没圆辣椒，用竹片卡紧，盖上坛盖，添足坛沿水。约泡 1 个月，待其自然发酵后即成。

四、泡秋椒

1. 原料配方

青辣椒（秋）5kg，新盐水 3kg，一等老盐水 250g，白酒 60g，红糖 30g，醪糟汁 20g，川盐 150g，香料包（花椒、八角、桂皮、小茴香各 1g）1 个。

2. 工艺流程

原料处理→泡制→成品

3. 操作要点

（1）原料处理　选新鲜硬健、均匀无虫伤的秋季青辣椒，去把洗净，入盐水中（加入白酒 25g）出坯 5 天（中途翻缸 2～3次），至青辣椒成扁形时捞起，晾干附着的水分。

（2）泡制　将各料调匀装坛内，放入青辣椒及香料包，用石头压紧，盖上坛盖，掺足坛沿水，泡 2 个月即成。

五、泡辣丝

1. 原料配方

鲜红辣椒 1.5kg，生姜 600g，盐 650g。

2. 工艺流程

原料整理→入坛泡制→成品

3. 操作要点

（1）原料整理　选新鲜、肥厚的鲜红辣椒，洗净、沥干、去蒂、去籽，切成细丝。生姜去皮，洗净，沥干，切成细丝。把辣椒丝、生姜丝放入干净坛中。将 650g 盐加水配成 1kg 盐水。

（2）入坛泡制　将盐水倒入锅中煮沸冷却后，再倒入装有辣椒丝、生姜丝的坛中（盐水要淹没辣椒），盖好坛盖，加足坛沿水。

坛放阴凉处，泡 10 天后就可食用。装坛应当装满压实，坛沿水要保持不干。生姜应当适度晾晒。

六、泡牛角椒

1. 原料配方

牛角椒 500g，新盐水 250g，老盐水 250g，红糖 12g，白酒 5g，醪糟汁 5g，食盐 12g，香料包（花椒、八角、桂皮、小茴香各 1g）1 个。

2. 工艺流程

原料整理→入坛泡制→成品

3. 操作要点

（1）原料整理　选新鲜、无虫害的牛角椒，洗净，沥干附着的水分。

（2）入坛泡制　将各料调匀装坛内，放入牛角椒及香料包，用竹片卡紧，防止浮动。盖上坛盖，添足坛沿水。泡 2 个月待其自然发酵后即成。此菜在泡制过程中应勤检查，发现发霉、腐烂的牛角椒要及时拣出。并可根据情况酌加作料，如果觉得淡，就加一些盐进去。

七、泡野山椒

1. 原料配方

野山椒 5kg，新盐水 2kg，一等老盐水 2kg，食盐 125g，醪糟汁 80g，白酒 80g，红糖 150g，香料包（花椒、八角、桂皮、小茴香各 1g）1 个。

2. 工艺流程

原料处理→泡制→成品

3. 操作要点

（1）原料处理　选择新鲜色青肉质好的野山椒洗净，沥干水待用。

(2) 泡制　将各种辅料充分搅匀装入泡坛,放入香料包,再放入野山椒,用竹篾片卡紧,将石头压在上面,盖上坛盖,添足坛沿水。泡半个月应该翻一次坛。泡一个月待其自然发酵后即成。

八、泡红辣椒

(一) 方法一

1. 原料配方

红辣椒1kg,食盐300g,花椒100g,大蒜40g,八角50g,生姜40g,水适量。

2. 工艺流程

原料处理→加料→泡制→成品

3. 操作要点

(1) 原料处理　将辣椒用水洗净,不去籽。将大蒜去皮切片。将生姜去皮洗净切片待用。

(2) 加料　将锅上火,加水,投入食盐、花椒、八角、大蒜片、生姜片等一起烧开,倒入盆中晾凉。

(3) 泡制　取泡菜坛一只,把晾好的汁液倒入坛中,再把红辣椒放进去,压入泡菜水中,封好坛口,添足坛沿水。约20天,待其自然发酵后即可取出食用。泡菜水应当完全淹没菜体,保持坛沿水不干。

(二) 方法二

1. 原料配方

红辣椒10kg,老盐水5kg,食盐1.4kg,白酒100mL,红糖0.5kg,新盐水5kg,香料包(八角、花椒、白菌、排草各10g)1个。

2. 工艺流程

原料处理→泡制→成品

3. 操作要点

（1）原料处理 选择新鲜、肉质厚、不伤不烂、带柄的红辣椒，洗净、沥干。

（2）泡制 将各料均匀装入坛内，放入红辣椒、香料包，盖上坛盖，泡制 10 天，待其自然发酵后即可食用。入坛时应当装满、压实，及时添加坛沿水。

九、糖醋辣椒

1. 原料配方

青辣椒 10kg，食盐 2.5kg，白砂糖 2kg，乳酸 60g，冰醋酸 80g，保脆剂（海藻酸钠）10g，香料包（八角粉、山柰粉、干姜粉各 4g）1 个，花椒油适量。

2. 工艺流程

原料选择→整理、扎眼→清洗、热烫→晾晒→初腌→复腌→泡制→成品

3. 操作要点

（1）原料选择 青辣椒选用肉质肥大、质嫩、籽少、无虫蛀、无腐烂变质的锥椒或长椒。

（2）整理、扎眼 择去梗蒂，除去过熟的或受过机械伤的辣椒。用清洁已消毒的竹针在每个辣椒的蒂柄处扎眼，为了防止霉烂，要刺穿中心处的囊膜部位。

（3）清洗、热烫 用流动水洗净辣椒，沥干水后，放入沸水中热烫 3min。

（4）晾晒 将热烫后的辣椒捞出，沥干水后进行晾晒，风干部分水分，一般将 10kg 鲜椒脱水至 6kg 即可。

（5）初腌 将食盐配成 13°Bé 的盐水，加适量保脆剂，每隔 3～4h 上下翻动 1 次，2 天后捞出，去除卤液。装坛应当装满压实，坛沿水要保持不干。

（6）复腌　将初腌的辣椒沥干后铺在容器内，每 10kg 辣椒加食盐 1.5kg，一层菜一层盐，上层盐多，下层盐少，每天翻倒 1 次，注意使它散热，盐渍 7 天后出缸。

（7）泡制　将冷花椒油加入半成品中，然后将香料包混拌入辣椒中，加白砂糖、食盐、乳酸和冰醋酸，加水以没过辣椒为度。密封泡制 2 个月，待其自然发酵后即可食用。

4. 注意事项

① 每半个月翻看一次，极为重要，否则个别发霉、腐烂辣椒会导致全坛受害。这一点是导致泡辣椒极不成功的重要原因之一。

② 泡辣椒的坛平时应放在阴凉处，防止受暴晒，引起坏坛。

③ 食用泡辣椒时，从坛中取辣椒切忌沾染油星，以防泡椒变质。

十、泡小青辣椒

1. 原料配方

小青辣椒 2.5kg，老盐水 1.3kg，新盐水 1.3kg，小红辣椒 125g，红糖 70g，食盐 350g，香料包（花椒、八角、桂皮、小茴香各 1g）1 个。

2. 工艺流程

原料处理→泡制→成品

3. 操作要点

（1）原料处理　选新鲜硬健、肉质厚、无虫伤的小青辣椒，洗净，剪去茎柄，晾干附着的水分后待用。

（2）泡制　小青辣椒入坛填实装匀至一半时，放入香料包，再继续装完，面上盖一层小红辣椒。然后将各料调匀后倒入坛内（盐水应淹过辣椒），用篾片卡紧，盖上坛盖，掺足坛沿水，约泡一个月即成。

十一、泡鸡心辣椒

1. 原料配方

鸡心辣椒2kg，白酒20g，食盐30g，醪糟汁20g，红糖50g，新盐水1kg，老盐水1kg，香料包（八角、花椒、白菌、排草各2g）1个。

2. 工艺流程

原料处理→泡制→成品

3. 操作要点

（1）原料处理　选择新鲜硬健、肉质肥厚、不伤不烂的鸡心辣椒，洗净、晾干。

（2）泡制　将各种配料调匀装入坛内，放入鸡心辣椒及香料包，用篾片卡紧，盖上坛盖，添足坛沿水，泡2个月，待其自然发酵后即可。装坛应当装满，泡菜水应当淹没菜体，坛沿水要保持不干。

第六节　豆类泡菜

一、蒜香豇豆

1. 原料配方

豇豆5000g，盐300g，辣椒200g，大蒜100g，白酒50g，生姜100g，凉开水适量。

2. 工艺流程

原料整理→入坛泡制→成品

3. 操作要点

（1）原料整理　选新鲜、无病虫害的豇豆，洗净、焯熟、沥干后待用。辣椒洗净，去蒂、去籽，切成细丝。生姜去皮，洗净，沥干，切成细丝。

（2）入坛泡制　先将盐、大蒜、辣椒、生姜放入凉开水里，注入坛内泡1个月。1个月后，将豇豆放入，同时加入白酒，再泡10天左右即可食用。

4. 注意事项

① 生姜、大蒜等浸泡1个月时间较长，因此要在豇豆长成以前做好准备，不可到择豇豆时再准备卤汁。

② 豇豆一定要选质量好的，择洗干净。

二、泡豇豆

1. 原料配方

豇豆1000g，红糖10g，食盐60g，新老混合盐水100g，干红辣椒20g，白酒10g，香料包（花椒、八角、桂皮、小茴香各2g）1个。

2. 工艺流程

原料整理→入坛泡制→成品

3. 操作要点

（1）原料整理　豇豆洗净，预处理约12h捞起，晾干附着的水。

（2）入坛泡制　将各料调匀装入坛内，放入豇豆及香料包，用篾片卡紧，盖上坛盖，添足坛沿水，泡3～5天即成。

4. 注意事项

① 菜坛内可适当加些小红辣椒，增加豇豆的辣味和改善颜色。

② 各种调料装坛后，要注意拌匀，以便使菜料均匀进味，保证味正，泡透。

③ 如遇豇豆有酸味，在吃时要用清水冲一下，坛内适当加盐。

三、酸豇豆

1. 原料配方

嫩豇豆 4000g，红辣椒 200g，青辣椒 200g，食盐 300g，水 2000g。

2. 工艺流程

原料整理→入坛泡制→成品

3. 操作要点

（1）原料整理　挑选新鲜的嫩豇豆，洗净，切成 5cm 长的小段，投入水中稍煮一下，捞起摊开晾凉，放入泡菜坛内，再放入洗净沥干的红辣椒、青辣椒。注意煮豇豆的火候，不可煮烂，一见豇豆发绿就可以捞出。

（2）入坛泡制　将 2000g 水煮沸，加入食盐，冷却后倒入泡菜坛内，淹过豇豆。在坛沿上盛上凉开水，加盖密封。10 天左右即可食用。

四、泡青豆

1. 原料配方

青豆 2000g，白酒 10g，25％老盐水 2000g，食盐 120g，红糖 50g，干辣椒 40g，醪糟汁 20g，香料包（花椒、八角、桂皮、小茴香各 20g）1 个。

2. 工艺流程

原料整理→入坛泡制→成品

3. 操作要点

（1）原料整理　选鲜嫩青豆，择好，洗净，放入沸水中焯至断生，捞出，用净水（开水晾凉）漂后，晾干，放入 25％老盐水中浸泡，4 天后取出，晾干水分。

（2）入坛泡制　把老盐水、一半红糖、白酒、醪糟汁、食盐倒入坛内，加入干辣椒垫底，放入一半青豆，再放入香料包、另一半红糖及余下青豆，用竹片卡住，盖上盖，用水密封。1个月后即可食用。

4. 注意事项

① 青豆一定不要有虫害的，不要老的。

② 盛菜坛子一定要清洗干净并擦干，菜内不要进生水，以免变质。

③ 青豆于泡制前煮沸一下，保持本色。也可加碱，使青豆断生，但不可煮熟。

五、泡麻豆

1. 原料配方

鲜黄豆1000g，鲜花椒200g，盐100g，清水1200g。

2. 工艺流程

原料整理→盐水熬制→入坛→泡制→成品

3. 操作要点

（1）原料整理 选当年收获的饱满嫩黄豆，洗净。

（2）盐水熬制 将清水及盐放入锅中，上火烧沸成盐水，然后离火晾凉。

（3）入坛 取一干净坛，用开水消毒后，将干净黄豆放入坛中，再将花椒均匀撒入坛内，倒入盐水浸泡黄豆。

（4）泡制 加盖水封，大约腌制20天，等豆腥味消失，即可食用。

4. 注意事项

① 如用干黄豆则要先泡发回软，但仍不如新黄豆新鲜有味。

② 黄豆也要挑选，去掉有虫害或不整齐的豆粒。

六、泡刀豆

1. 原料配方

刀豆2kg，20％盐水2kg，食盐200g，红糖250g，白酒20g，

干红辣椒适量，香料包（大料 2g，香草 2g，豆蔻 2g，花椒 4g，滑菇 15g）1 个。

2. 工艺流程

原料处理→泡制→成品

3. 操作要点

（1）原料处理 选鲜嫩、小片无籽刀豆，洗净，去掉两头及边缘筋，用食盐盐渍 1 天后捞起，晾干附着的水分。

（2）泡制 将 20% 的盐水装入坛内，与白酒、红糖混合。放入干红辣椒垫底，再放入刀豆、香料包，用篾片卡紧，盖上盖，用水封口，泡 30 天即成。

4. 注意事项

可长时间贮存，但不宜超过 3 个月。

七、泡四季豆

1. 原料配方

四季豆 4000g，干辣椒 80g，食盐 240g，白酒 40g，大蒜 80g，生姜 80g，凉开水适量。

2. 工艺流程

原料整理→入坛泡制→成品

3. 操作要点

（1）原料整理 将新鲜嫩脆、无虫害的四季豆掐去两端，撕去边筋，洗净、焯熟、捞出，晾干附着的水分。将大蒜（去皮的蒜瓣）、干辣椒、生姜洗净后，同食盐一起放入凉开水中泡 1 个月，即成预制的泡菜水。

（2）入坛泡制 将预制的泡菜水注入坛中，再放入豆角，用竹片将菜卡紧，压上石块，盖上坛盖，添足坛沿水，泡 10 天后即可食用。

八、甜酸什锦豇豆

1. 原料配方

豇豆 5000g，花椒 15g，食盐 500g，醋 150g，白糖 150g，大蒜 250g，白酒 100g，生姜 100g。

2. 工艺流程

原料整理→入坛泡制→成品

3. 操作要点

（1）原料整理　将鲜豇豆掐去两端，去边筋，洗净、焯熟，放在日光下晒至七八成干，待用。

（2）入坛泡制　将豇豆装坛。用 5000g 水把食盐、白糖溶化，煮沸晾凉后，再将白酒、花椒、大蒜、生姜、醋一起倒入坛内泡腌豆角。约 10 天以后即可食用。

4. 注意事项

① 豇豆必须择好，把边筋去掉。

② 鲜豇豆焯熟后也可晒至五六成干，这样有脆嫩感，晒到何种程度可按个人喜好选择。

第七节　其他传统蔬菜类泡菜

一、泡番茄

1. 原料配方

番茄 300g，食盐 20g，清水 2000g，花椒 5g，白酒 2g。

2. 工艺流程

原料整理→入坛预浸泡→泡制→成品

3. 操作要点

（1）原料整理　将鲜番茄洗净，去蒂，放入 60℃左右的温开水中再清洗一遍，然后取出沥干。用带尖的筷子将番茄底部戳几个孔，便于进咸味。

（2）入坛预浸泡　把 2000g 清水烧沸，冷却至 50℃ 左右时，倒入坛内，立即将番茄、花椒、食盐、白酒放入坛内浸泡。

（3）泡制　坛内开水冷至室温后，加盖，添足坛沿水，10 天后即可食用。

4. 注意事项

① 夏天泡制番茄一定要加少许白酒。

② 泡制时要求沸水冷却后温度准确，水热了不利泡菜的存放，甚至发生霉烂。

二、泡茄子

1. 原料配方

茄子 4000g，一等老盐水 4000g，干红辣椒 200g，食盐 100g，醪糟汁 40g，红糖 40g，香料包（花椒、八角、桂皮、小茴香各 20g）1 个。

2. 工艺流程

原料整理→入坛泡制→成品

3. 操作要点

（1）原料整理　选新鲜、无伤痕的茄子洗净，去蒂（留 1cm 左右不剪），晾干。

（2）入坛泡制　将各料调匀，装坛内，放入茄子和香料包，用竹片卡紧。盖上坛盖，添足坛沿水，约泡制半个月即成。

4. 注意事项

① 茄子不要过老，过老的茄子有籽，吃起来口感不佳。如果是大茄子，可以一切两瓣。最好用中等大小的茄子。也不能过小，过小的茄子有苦味。

② 如果盐水不能没过茄子，可适当加些凉开水，使水没过

茄子。

三、泡慈姑

1. 原料配方

鲜慈姑 2000g，泡辣椒盐水 2000g，泡鲜红辣椒 200g，白酒 20g，醪糟汁 40g，食盐 40g，白糖 40g，红糖 20g，白菌 20g。

2. 工艺流程

原料处理→泡制→成品

3. 操作要点

（1）原料处理 挑选鲜嫩、个大均匀、无虫害、无腐烂的慈姑，洗净泥沙，逐一去皮，放入清水内浸泡 10min，随后，入沸水中焯一下，捞起晾干。

（2）泡制 用盆或玻璃瓶做容器，将泡辣椒盐水和各种料调匀，装入容器，泡入慈姑，盖上盆盖或瓶盖，1 天之内入味即成。

四、泡蘑菇

1. 原料配方

蘑菇 1000g，食盐 800g，芹菜 500g，胡萝卜 500g，白菜 500g，四季豆 500g，青椒 500g，甘蓝 500g，莴笋 500g，花椒 50g，白酒 50g，鲜姜 50g，清水 3000g。

2. 工艺流程

原料整理→泡菜水制作→入坛泡制→成品

3. 操作要点

（1）原料整理 选用新鲜蘑菇，去根部的泥沙。将蔬菜择去枯黄老叶。用清水洗净蘑菇和蔬菜，沥干，切成 5cm 左右长的条状或薄片（芹菜除外）。芹菜去叶，切成 2cm 长的段。

（2）泡菜水制作 将食盐溶化在煮沸的 3000g 清水中，冷却，备用。

（3）入坛泡制　将所有配料混合拌匀（四季豆要焯熟），放入泡菜坛内，倒入冷却的食盐水，加盖并添足坛沿水。在室内放置10天，自然发酵，即成。

4. 注意事项

要防止坛内生霉花，发现后可以撇出或稍加白酒。蘑菇一定要洗净泥沙，大块蘑菇要撕成小块。

五、糖醋番茄

（一）方法一

1. 原料配方

番茄100kg，食盐4kg，食醋3kg，辣根0.7kg，干辣椒粉0.7kg，芹菜0.7kg，香草0.6kg，丁香粉36g，糖精25g，香叶粉20g，水30kg。

2. 工艺流程

原料选择→清洗→烫漂→糖醋液的配制→入坛泡制→成品

3. 操作要点

（1）原料选择　选用果肉肥厚、子室小、肉质硬的八成熟新鲜小型番茄为原料，剔出未成熟、过熟和受病虫危害的番茄。

（2）清洗　摘除果柄，用清水洗净泥土和污物。

（3）烫漂　将洗净的番茄在沸水中烫漂1～2min捞出，迅速投入冷水中冷却。番茄在沸水中不能烫漂时间过久，否则会影响质地地脆嫩。

（4）糖醋液的配制　按配料比例将各种香料与30kg水在锅中加热煮沸，加入食盐和糖精使其溶解搅拌均匀，再加入食醋，经过滤制成调味香液。

（5）入坛泡制　将烫漂的番茄控干水分，装入缸内，浇入已配制好的调味香液，浸渍5～6天即可为成品。

（二）方法二

1. 原料配方

青番茄 10kg，食醋 3kg，水 2kg，白酒 1.5kg，洋葱 1.2kg，白糖 0.4kg，桂皮 60g，食盐 1kg，咖喱粉 120g。

2. 工艺流程

整理、清洗→切分→盐腌→糖醋液的配制→入坛泡制→成品

3. 操作要点

（1）整理、清洗　将青番茄去把，洋葱剥去外皮，洗净，沥干。

（2）切分　将番茄切成半月形，约 0.6cm 厚；洋葱切成块。

（3）盐腌　取一干净盆，放入菜料，加入 300g 食盐，拌匀，腌制 30min，然后捞出沥干产品，全部装入坛中。

（4）糖醋液的配制　在 2.4kg 食醋中加入白糖、60g 咖喱粉、桂皮、白酒，混合在一起放在锅里煮沸，待白糖全部溶化后，把锅端下，冷却。

（5）入坛泡制　将糖醋液倒入青番茄和洋葱混合的坛中，腌制 1 昼夜。再将剩下的食盐、食醋和咖喱粉倒入 2kg 清水中煮沸，浓缩至原液的 2/3 时，取出冷却，注入装有番茄的容器中，5～7 天后即可食用。泡制过程中应添足坛沿水并保持坛沿水不干。

六、番茄汁泡藕

1. 原料配方

藕 400kg，番茄 500g，白糖 100g，食盐 0.5g，柠檬酸 1g，凉开水 1000g。

2. 工艺流程

原料处理→入坛泡制→成品

3. 操作要点

（1）原料处理　选色白、质量脆嫩的藕刮去皮后，切成 0.2cm 厚的片，放入盆中冲洗去多余的淀粉，捞出沥干水分后倒

入沸水锅内氽至断生，快速倒入凉开水中浸泡至冷却待用。将鲜红的番茄洗净，放入榨汁机中压榨成番茄汁，再放入白糖、食盐、柠檬酸调匀成甜酸番茄汁。

（2）入坛泡制　将藕片放入甜酸番茄味汁液中浸泡入味，取出装盘，另取出少许番茄味汁液淋在藕片上即成。

4. 注意事项

① 藕切片要漂洗，氽断生即可，注意防止褐变。

② 甜酸味浓度可根据食者口味灵活掌握。

七、辣椒泡蒜薹

1. 原料配方

蒜薹 5kg，鲜红辣椒 1kg，食盐 150g，味精 10g，香油 10g，花椒、大料各少许。

2. 工艺流程

原料处理→泡制→成品

3. 操作要点

（1）原料处理　将蒜薹摘去两头，鲜红辣椒去蒂、籽，分别用清水洗干净，沥干水分。蒜薹切成长 2.5cm 的段，辣椒切成丝。锅中加水烧沸，倒进蒜薹烫一下捞出，再将红辣椒丝下沸水烫一下即捞出晾凉。

（2）泡制　用冷开水加入食盐、味精、花椒、大料、香油等调匀，投入蒜薹段、辣椒丝泡 2 天食用。

第八节　什锦类泡菜

一、泡什锦

(一) 方法一

1. 原料配方

白菜 2000g，水 3000g，胡萝卜 500g，竹笋 500g，芹菜 500g，

红辣椒80g，八角50g，白糖40g，白酒30g，花椒10g，盐、味精各适量。

2. 工艺流程

原料整理→泡菜水制备→入坛泡制→成品

3. 操作要点

（1）原料整理 选好白菜，去根，去烂黄叶及老帮，洗净，晒干表面水分，横切成4cm长片段；芹菜去根，去叶，洗净，晒干表面水分，横切成4cm的长段；竹笋洗净，去硬根，擦干后，切成薄三角片；胡萝卜去顶、去细根，洗净擦干，横切成圆片。

（2）泡菜水制备 将3000g水加适量盐烧沸后晾凉。

（3）入坛泡制 将花椒、八角、红辣椒、白糖、白酒加入凉盐开水中，搅匀，再加适量味精，然后倒入泡菜坛中。将加工好的所有蔬菜投入泡菜坛中进行浸泡。坛口用水密封，置较温暖处保存，5～6天后即可食用。

4. 注意事项

① 菜要晾干，盛器要擦干，以保证泡菜不受外界条件影响，不变质，达到高质量要求。

② 泡菜所用水一定要用凉开水。

（二）方法二

1. 原料配方

白菜2000g，白萝卜200g，大葱100g，大蒜100g，苹果100g，梨100g，食盐60g，辣椒粉50g，味精5g。

2. 工艺流程

原料处理→腌制→拌料码坛→泡制→成品

3. 操作要点

（1）原料处理 白菜去根和老帮，洗净，沥干水分，把整棵白菜剖成四瓣，切成小块；白萝卜洗净去皮，切成小片。苹果和梨洗净，沥干水，去籽，切成片；大葱、大蒜洗净沥干后剁成碎末待用。

（2）腌制　将白菜块和萝卜片分别装入两个盛器中，分别用30g食盐和10g食盐腌4h。

（3）拌料码坛　把初步腌制的白菜、萝卜沥干水分，再和苹果、梨、葱、蒜、辣椒粉拌匀装坛。

（4）泡制　用500g凉开水溶化剩余食盐和味精，搅匀后注入坛内，淹没菜料。盖上坛盖，10天后即成。

二、泡什锦花生仁

1. 原料配方

花生仁250g，野山椒1瓶（100～150g），生姜10g，葱白30g，蒜10g，芹菜30g，干花椒5g，干辣椒10g，白醋20g，食盐10g，味精5g，老泡菜盐水300g。

2. 工艺流程

原料处理→入坛泡制→成品

3. 操作要点

（1）原料处理　将花生仁用冷开水浸泡24h，去外衣备用；生姜拍破，葱白、芹菜切成长约8cm的段。

（2）入坛泡制　将白醋、生姜、葱白、芹菜、蒜、花椒、干辣椒、食盐、味精、野山椒、老泡菜盐水放入泡菜坛中搅拌均匀，放入花生仁，盖上坛盖，泡制24h后捞起装盘即成。

4. 注意事项

① 花生仁应大小均匀。
② 泡制时间以花生仁充分入味为准。

三、泡八样

1. 原料配方

白萝卜1000g，洋姜1000g，生姜1000g，胡萝卜1000g，葱头

1000g，大蒜 1000g，青辣椒 1000g，豆角 1000g，食盐 500g，花椒 40g，茴香 40g，料酒 40g，清水 6000g。

2. 工艺流程

泡菜水制备→原料整理→泡制→成品

3. 操作要点

（1）泡菜水制备　先将 6000g 清水煮沸，把食盐溶化在水内，冷却后注入坛内，一般以装到坛子的 1/5 为宜。

（2）原料整理　将各种菜洗净晾干（豆角要焯熟），切成条或块，放入坛中。再放入花椒、茴香、料酒。

（3）泡制　盖上坛盖，添足坛沿水，泡制 7～10 天，即可食用。

4. 注意事项

① 若无料酒，也可用白酒。

② 盐水一定要淹没菜面。

四、素泡什锦

1. 原料配方

白菜 2000g，白萝卜 200g，大葱 100g，梨 100g，苹果 100g，大蒜 100g，食盐 60g，辣椒粉 50g，味精 5g，凉开水 500g。

2. 工艺流程

原料整理→腌制→拌料码坛→泡制→成品

3. 操作要点

（1）原料整理　白菜去根和老帮，洗净，沥干水分，把整棵白菜剖成四瓣，切成小块；萝卜洗净去皮，切成小片。苹果和梨洗净，沥干水，去籽，切成片；大葱、大蒜洗净沥干后剁成碎末待用。

（2）腌制　将白菜块和萝卜片，分别装入两个盛器中，分别用 30g 食盐和 10g 食盐腌 4h。

（3）拌料码坛　把初步腌制的白菜、萝卜沥干水分，再和苹果、梨、大葱、大蒜、辣椒粉拌匀装坛。

（4）泡制　用500g凉开水溶化剩余食盐和味精，搅匀后注入坛内，淹没菜料。盖上坛盖，10天后即成。

五、什锦洋白菜

1. 原料配方

洋白菜2000g，胡萝卜1000g，芹菜1000g，洋姜500g，白醋400g，黄瓜300g，白糖100g，食盐适量，味精少许。

2. 工艺流程

原料整理→配料浸渍→成品

3. 操作要点

（1）原料整理　将胡萝卜洗净，去皮，切成薄片。将芹菜基根、老茎和叶除去（留作别用），清洗干净，放入沸水中烫一下，捞出晾凉，斜切成片。将洋白菜洗净，放沸水中烫一下，捞出晾凉，切成小片。将黄瓜、洋姜洗净，切成薄片。

（2）配料浸渍　将上述各料放在大碗中，加入食盐、白醋、白糖、味精拌匀，浸渍4～6h，取出装盘，即可上桌供食。配料可根据不同地方的口味要求适当调整。

六、什锦虾油小菜

1. 原料配方

茎蓝3000g，芹菜3000g，小黄瓜2000g，虾油6000g，豆角1000g，花生仁400g，地螺300g，姜100g，食盐适量。

2. 工艺流程

原料整理→入坛泡制→成品

3. 操作要点

（1）原料整理　将所有菜料择好，去尖去蒂，去根、叶、皮及须。将芹菜、小黄瓜、豆角（焯熟）切成 2.5cm 长的小段，茎蓝切成铜钱大小的片。

（2）入坛泡制　将所有的菜放入一干净坛内，加入食盐拌匀。腌渍 1 日后，沥尽水分，再倒入虾油，浸泡 10 日后即可食用。

4. 注意事项

① 菜料比较多，应根据不同菜的特点进行择洗，使之合乎卫生要求，去掉无用部分。

② 各种菜料用盐拌匀，这点也很关键，使每条菜都沾上盐，才不会霉烂。

③ 制作此菜还要求各种菜都要鲜嫩，腌泡起来才一致。

七、时令循环泡菜

1. 原料配方

时令蔬菜 20kg，一等老盐水 10kg，食盐 500g，干红辣椒 120g，醪糟汁 100g，白酒 100g，红糖 100g，香料包（八角 10g，香草 10g，豆蔻 10g，花椒 20g，滑菇 75g）1 个。

2. 工艺流程

原料处理→预处理→加料泡制→成品

3. 操作要点

（1）原料处理　挑选当季出产的菜品，洗净沥干。

（2）预处理　按蔬菜质地进行预处理，然后捞出晾干。

（3）加料泡制　将一等老盐水注入泡菜坛内，把食盐、红糖、白酒、醪糟汁拌匀倒入坛中，泡入蔬菜，放入干红辣椒及香料包。盖上坛盖，添足坛沿水。入味后便可食用。

4. 注意事项

在食用过程中，可随着季节加进新鲜蔬菜，补充部分食盐及作料、香料，循环泡制不同的蔬菜，充分利用同一个泡菜坛和老盐水。

八、四川什锦泡菜

1. 原料配方

白菜 10kg，粗盐 4kg，鲜姜 4kg，红辣椒 4kg，鲜青辣椒 4kg，洋白菜 3kg，胡萝卜 2kg，白酒 2kg，黄瓜 0.7kg，大蒜 0.7kg，嫩豇豆 1.3kg，白萝卜 1kg，苦瓜 0.7kg，生姜片 0.7kg，芥菜梗 0.7kg，芹菜杆 0.7kg，花椒 0.2kg，干辣椒 0.2kg，凉开水 20～25kg。

2. 工艺流程

制泡菜液→晒菜→入坛泡制→成品

3. 操作要点

（1）制泡菜液　将粗盐、干辣椒、花椒同时放入泡菜坛内，再加入白酒及凉开水，搅拌均匀，待粗盐溶化后，即可使用。

（2）晒菜　将菜料全部洗净，晾干。用不锈钢刀切成各种小块或小段。如果菜料水分过大，可略晒去水分。黄瓜和洋白菜也可以先用沸水烫一下，再略晒去水分。

（3）入坛泡制　将所有菜料调料放入泡菜坛内，搅拌均匀，使泡卤浸泡全部菜料。于坛沿处加水后，用盖盖严。夏天泡 1～2 天，冬天泡 3～5 天即可食用。

4. 注意事项

① 喜食甜味者，可以在泡菜水内加入少量白糖。

② 最好选用高粱白酒，无高粱白酒时，也可用其他粮食酒代替。

③ 可以根据个人爱好选用菜料。配料中，不喜欢的菜料可少用或不用，可把用量加到其余菜料上。

④ 操作过程要注意干净卫生，尽可能做到不让生水进入坛中，取食泡菜时也要切忌沾油，以防泡菜变质。

九、中式什锦泡菜

1. 原料配方

白萝卜 1000g，白菜 1000g，黄瓜 1000g，食盐 800g，青辣椒 500g，胡萝卜 500g，芹菜 500g，嫩姜 300g，白胡椒粉 20g，红辣椒丝 50g，凉开水 10kg，白糖适量。

2. 工艺流程

选料→洗净、晾干→配盐水→泡制→成品

3. 操作要点

（1）选料　选取质地脆嫩、肉质肥厚而不易软化的新鲜蔬菜为原料。可根据个人口味的不同进行挑选。

（2）洗净、晾干　将选取的蔬菜剔去粗老部分、根部，放入水中漂洗干净，切成块或条，再摊放在容器中晾 3h 左右，待菜面上的水分晾干。

（3）配盐水　先将凉开水入锅煮沸，然后加入食盐，待食盐在沸水中溶化后，即可断火，使盐水冷却。

（4）泡制　准备泡菜坛 1 个，洗净，用酒精消毒。然后将冷却的盐水和晾干的菜块都倒入泡菜坛内，再加入白胡椒粉、红辣椒丝、白糖等辅料。盖上盖，并在坛沿中添加冷开水，勿使漏气。一般泡菜坛在室内发酵 10 天左右就可食用。泡制时，所有蔬菜要完全淹没在泡菜水中。装坛应当装满，坛沿一定要加水密封。

十、甜酸什锦豆角

1. 原料配方

豆角 5kg，食盐 500g，大蒜 250g，白糖 150g，醋 150g，生姜 100g，白酒 100g，水 5kg，花椒 15g。

2. 工艺流程

原料处理→入坛泡制→成品

3. 操作要点

（1）原料处理　将豆角掐去两端，去边筋，洗净、焯熟，放在日光下晒至七八成干，待用。

（2）入坛泡制　将豆角装坛。用 5kg 水把食盐、白糖溶化，煮沸晾凉后，再将大蒜、生姜、白酒、花椒、醋一起倒入坛内泡腌豆角。约 10 天以后即可食用。

4. 注意事项

① 豆角必须择好，把边筋去掉。

② 豆角也可晒至五六成干，这样有脆嫩感，晒到何种程度可按个人喜好选择。

第九节　荤　泡　菜

一、酱泡鸭

1. 原料配方

土鸭一只（约 1000g），姜 30g，葱 50g，料酒 50g，食盐 15g，花椒 5g，饴糖 50g，豆瓣 50g，甜面酱 75g，豆豉蓉 20g，蒜泥 50g，醪糟汁 75g，芝麻酱 30g，蚝油 30g，酱油 40g，白糖 25g，味精 20g，五香粉 10g，香油 30g，冷鲜汤 1000g，精炼油 2500g（约耗 75g），红卤水适量。

2. 工艺流程

原料处理→加料泡制→成品

3. 操作要点

（1）原料处理　土鸭宰杀洗净后，将鸭身用姜、葱、料酒、食盐、花椒拌匀腌渍入味，再入红卤水锅中卤热后捞出，擦去表面水分，趁热抹上饴糖，再下入六七成熟的油锅中炸至表皮酥脆红棕时捞出待用。

（2）加料泡制　将各调味料一并放入缸中调匀，即成酱料。将炸好的土鸭放入酱料缸中浸泡约 24h，取出斩块即成。

4. 注意事项

① 饴糖要趁热抹上，炸制时要控制好油温并注意上色均匀。

② 各调味料要充分稀释调匀。

二、泡子兔

1. 原料配方

带皮净兔肉 500g，野山椒 200g，白醋 20g，盐 30g，料酒 40g，大料 3 个，花椒 3g，泡姜 50g，味精 5g，葱 40g，凉开水 700g。

2. 工艺流程

原料处理→加料泡制→成品

3. 操作要点

（1）原料处理　将带皮净兔肉冲净血水，入冷水锅中，加入姜、葱、料酒，烧开后用小火煮至刚熟，捞出晾干，斩成条状待用。

（2）加料泡制　取一个干净的泡菜坛，加入野山椒、白醋、盐、料酒、大料、花椒、味精、泡姜、葱、凉开水搅拌均匀，放入兔肉，盖上坛盖，浸泡 10h，入味后即食。

4. 注意事项

① 兔肉要冲净血水，煮时火力不能大，以微开为准。

② 野山椒水不能丢弃，连同野山椒一同入坛。

三、泡羊耳

1. 原料配方

上等羔羊耳朵 300g，甜椒 50g，西芹 50g，子姜 50g，姜 20g，野山椒 30g，老泡菜盐水 500g，盐 25g，味精 5g，葱 30g，料酒

30g，醪糟汁 30g。

2. 工艺流程

原料处理→加料泡制→成品

3. 操作要点

（1）原料处理　选上等羔羊耳朵初加工洗干净后，斜切成薄片，放入加有姜、葱、料酒的沸水锅中煮至断生，捞出用冷水漂凉。

（2）加料泡制　将各调味料搅拌均匀放入坛中，放入耳片，盖上坛盖，泡制入味后即成。

4. 注意事项

① 羊耳片不宜太小。

② 注意泡制时间的长短，入味即可。

四、泡子鸡

1. 原料配方

净子公鸡肉 600g，泡子姜 100g，野山椒 1 瓶，姜 30g，葱 40g，料酒 30g，盐 50g，味精 5g，白醋 30g，凉开水 400g，醪糟汁 30g。

2. 工艺流程

原料处理→加料泡制→成品

3. 操作要点

（1）原料处理　将子公鸡肉洗净冲去血水，放入冷水锅内，加入姜、葱、料酒，用中火煮至肉刚熟，即捞出漂凉，待凉透后擦去表面水分，用刀剪成 1.5cm 见方的块待用，泡子姜切片。

（2）加料泡制　将各调味料搅拌均匀后放入坛中，放入鸡块，盖上坛盖，泡制 6h 入味后即成。

4. 注意事项

① 鸡肉煮制的程度以刚熟为准，凉透后才能斩块，否则易

散烂。

②鸡块要充分浸泡入味。

五、泡耳脆

1. 原料配方

猪耳 600g，野山椒 1 瓶，泡小红辣椒 50g，西芹 50g，姜 20g，葱 30g，料酒 30g，醪糟汁 30g，盐 50g，味精 5g，白醋 30g，凉开水 400g。

2. 工艺流程

原料处理→加料泡制→成品

3. 操作要点

（1）原料处理　猪耳洗净放入沸水锅中，加入盐、姜、葱、料酒至刚熟，捞出后切成薄片待用。

（2）加料泡制　将各调味料搅拌均匀放入坛中，放入耳片，盖上坛盖，泡制约 12h 后即成。

4. 注意事项

①冲凉后的猪耳可放在菜墩下压平整，有利于切片。

②猪耳要洗净，煮熟即可。

六、泡双花

1. 原料配方

猪肚 200g，鸭胗 200g，甜椒 50g，姜 20g，葱 40g，醪糟汁 30g，料酒 30g，盐 10g，泡菜盐水 500g，味精 4g。

2. 工艺流程

原料处理→加料泡制→成品

3. 操作要点

（1）原料处理　猪肚洗净后用直刀制成十字刀纹，改切成菱形块；鸭胗去除筋膜，每个鸭胗片成两半，同样剖十字花刀；甜椒去带去籽后改刀成小菱形块；姜拍破，葱切节。锅置火上，掺清水烧沸，下姜、葱、料酒，放入猪肚、鸭胗待刚熟时鼓起捞出，漂凉待用。

（2）加料泡制　将泡菜盐水、盐、姜、葱、猪肚、鸭胗、醪糟汁、甜椒、味精一同入坛泡大约 4h 后，捞出装盘即成。

（3）成品　咸鲜脆爽，美观大方，泡菜味浓。

七、泡猪蹄

1. 原料配方

猪蹄 2 只（约 600g），野山椒 100g，泡辣椒 50g，老姜 40g，花椒 4g，葱段 50g，白醋 20g，料酒 50g，味精 5g，野山椒水 50g，凉开水 800g，盐 80g。

2. 工艺流程

原料处理→配料泡制→成品

3. 操作要点

（1）原料处理　猪蹄刮干净后，斩成两半，漂水至色白时，入沸水锅中煮熟，捞出后用冷水冲凉，除去骨头后切成块待用；老姜用刀拍破。

（2）配料泡制　将各辅料放入干净的泡菜坛中搅匀，放入猪蹄，盖上坛盖，浸泡约 10h 捞出即可。

4. 注意事项

① 猪蹄要洗净血水，煮熟即可，不能煮烂。

② 制好的泡汁可以多次使用，用时可酌味添料。

八、泡鲫鱼

1. 原料配方

鲫鱼 4 条（约重 800g），泡酸菜 100g，泡鱼辣椒盐水 400g，姜 30g，葱 50g，料酒 40g，味精 5g，盐 25g，花椒 3g，凉开

水 400g。

2. 工艺流程

原料处理→加料泡制→成品

3. 操作要点

（1）原料处理　鲫鱼去鳞、鳃、内脏后洗净，用盐、姜、葱、料酒入味，腌约 30min，后入笼蒸至刚熟，取出拣去姜、葱晾干待用。

（2）加料泡制　将各调味料放入坛中搅拌均匀，放入晾干的鲫鱼，盖上坛盖，泡制约 4h 后即成。

九、爽口蹄筋

1. 原料配方

水发蹄筋 300g，青笋 100g，姜 20g，葱 30g，料酒 30g，野山椒 1 瓶，泡子姜 25g，盐 25g，味精 5g，白醋 15g，凉开水 300g。

2. 工艺流程

原料处理→加料泡制→成品

3. 操作要点

（1）原料处理　将水发蹄筋撕去油筋杂质，冲洗干净后切成一字条。入沸水锅内加姜、葱、料酒除去异味后，捞出晾凉待用。青笋洗净切一字条，野山椒去蒂，泡子姜切片。

（2）加料泡制　将各调味料搅拌均匀后放入坛中，放入蹄筋、青笋，盖上坛盖，泡制 6h 入味后即成。

4. 注意事项

① 水发蹄筋除去异味即可，不可久煮。
② 要浸泡入味。

十、泡基围虾

1. 原料配方

基围虾 300g，野山椒 1 瓶，老姜 20g，盐 50g，白醋 10g，花雕酒 50g，味精 5g，清水 500g。

2. 工艺流程

原料处理→配料处理→泡制→成品

3. 操作要点

（1）原料处理　基围虾剪去虾须、虾脚，洗净后沥干水分。姜切片，野山椒去蒂。

（2）配料处理　锅置旺火上，加入 500g 清水烧沸，放入调味品搅匀，置于容器内待用。

（3）泡制　锅复置火上，加清水烧沸，下基围虾煮断生，捞出入凉开水中冷透、沥干，放入上述容器内加盖浸泡约 3h 即成。

（4）成品　本品鲜香细嫩，爽口开胃。

4. 注意事项

① 泡基围虾上桌时，可配姜汁味碟或芥末碟。

② 基围虾要煮熟。

十一、酸甜猪蹄

1. 原料配方

猪蹄 600g，甜椒 50g，姜 20g，葱 30g，料酒 30g，清水 600g，盐 2g，白糖 200g，柠檬酸 3g。

2. 工艺流程

原料处理→配汁→加料泡制→成品

3. 操作要点

（1）原料处理　猪蹄去净残毛，刮洗干净后斩成小块，放入锅内，加入清水，加姜、葱、料酒用小火煮约 45min，取出洗去肥油，用清水浸泡 1h，再入锅煮 30min，捞出漂冷沥干水分待用。甜椒去蒂去籽洗净后切丝。

（2）配汁　锅洗净后置火上，加入 600g 清水烧沸，放入白糖溶化，打去浮沫，起锅装入器皿内晾冷，放入盐、柠檬酸调匀成酸甜汁。

（3）加料泡制 将猪蹄、甜椒放入酸甜汁中浸泡约 20h 后即成。

4. 注意事项

① 宜选用猪前蹄，要煮、浸泡两次，不可煮烂。

② 要浸泡入味。

十二、香坛腰片

1. 原料配方

鲜猪腰 1 个（大约 300g），一等老盐水 500g，八角 2 个，花椒 5g，干红辣椒 25g，食盐 5g，白酒 10g，甘蔗 2 节。

2. 工艺流程

原料处理→加料泡制→成品

3. 操作要点

（1）原料处理 将新鲜的猪腰撕去皮膜，用刀将猪腰切成两半，除去腰臊，洗净后斜片成薄片，入沸水锅中余刚熟时捞起晾凉。干红辣椒去蒂去籽，甘蔗刮去外皮后切成厚片。

（2）加料泡制 将一等老盐水、八角、花椒、干红辣椒、食盐、白酒、甘蔗放入洁净的泡菜坛中搅拌均匀，放入腰片加盖浸泡 1h 后取出装盘即可。

4. 注意事项

① 腰片厚薄要均匀，余制时间不可过久. 以色灰白无血丝为准。

② 腰片浸泡入味后即可食用。

十三、落水凤冠

1. 原料配方

鸡冠 300g，甜椒 50g，鲜花椒 10g，八角 3 个，姜 15g，葱

30g，料酒 20g，食盐 10g，味精 6g，香油 10g，泡酸菜盐水 500g。

2. 工艺流程

原料处理→配料泡制→成品

3. 操作要点

（1）原料处理　将鸡冠撕去皮后洗净，入沸水锅中，加入姜、葱、鲜花椒、料酒煮熟后捞出晾凉，甜椒去蒂去籽后切菱形块。

（2）配料泡制　将泡酸菜盐水、鲜花椒、八角、食盐、味精放入泡菜坛中搅拌均匀，放入鸡冠、甜椒泡约 8h 后，取出装盘，另取少许泡菜盐水、香油淋在鸡冠上即成。

4. 注意事项

① 鸡冠煮熟即可，不能久煮。

② 原料要充分泡入味。

十四、泡鱼辣椒

1. 原料配方

小红辣椒 4000g，食盐 160g，新盐水 4000g，白酒 120g，醪糟汁 20g，料酒 40g，鲜活鲫鱼 600g，红糖 60g，香料包（胡椒 20g，山柰 10g）1 个。

2. 工艺流程

原料整理→入坛泡制→成品

3. 操作要点

（1）原料整理　选新鲜硬健、无虫害、茎柄健康的小红辣椒，逐个洗净后晾干附着的水分。鲫鱼先放入清水中养 1 天（应换水数次）后，用第二次的淘米水 4000g 加盐少许，搅匀，将鲫鱼放入，"换肚"约 1h，再捞出放入清水内放养约 6h，捞出拭干水分。鲜鱼不去鳞甲，不剖腹，但要除净肚中污物。鲫鱼活着入坛，目的是取鱼鲜于蔬菜，使味道渗透效果更好。

（2）入坛泡制　将各调味料调匀后装入坛子内，再放入鲜鲫鱼，待其死后捞起，同辣椒混匀后重新入坛，再加入香料包，用竹片卡紧。盖上坛盖，添足坛沿水，约泡2个月即成。刚开始稍有微小异味，但一段时间后异味消除，香味扑鼻。

十五、泡太白凤爪

1. 原料配方

鸡爪300g，野山椒1瓶，洋葱50g，芹菜50g，花椒2g，干红辣椒10g，白醋25g，葱20g，盐10g，大料1个，味精5g，野山椒水500g，姜10g，料酒15g，食用碱15g。

2. 工艺流程

原料处理→配料泡制→成品

3. 操作要点

（1）原料处理　将鸡爪去粗皮、爪尖，清洗后放入碱水中浸泡约3h，捞出放入加有姜、葱、料酒的沸水锅中至刚熟，入凉水中漂去碱味待用；洋葱切块；芹菜洗净后切6cm长的节；野山椒、干红辣椒去蒂。

（2）配料泡制　取坛放入野山椒水、野山椒、花椒、干红辣椒、白醋、盐、味精、大料搅匀，放入鸡爪、洋葱、芹菜，泡约8h后，取出装盘即可食用。

4. 注意事项

① 鸡爪放入碱水中浸泡后，色泽洁白，更加爽脆，但要注意漂去碱味。

② 鸡爪煮的时间不宜过长，刚熟即可。

十六、泡鱼丝白菜

1. 原料配方

白菜1kg，鱼汤250g，冷开水250g，鱼肉丝150g，萝卜

250g，大蒜泥 50g，食盐 30g，辣椒粉 25g，姜末 25g，味精 3g。

2. 工艺流程

原料选择整理→预处理→码坛泡制→成品

3. 操作要点

（1）原料选择 整理挑选有心的白菜，去掉菜叶和外帮，洗净沥干切成条；萝卜洗净沥干切成丝。将它们分别盛在坛和碗内待用。

（2）预处理 用 15g 食盐溶入 250g 冷开水中，搅拌均匀后分别注入坛和碗内，预处理 1～2 天。

（3）码坛泡制 捞出白菜、萝卜沥干，和鱼肉丝、辣椒粉、大蒜泥、姜末混合均匀装坛。制作的鲜鱼汤冷却后加入剩余的食盐和味精，装入盛有菜料的坛内，淹没菜料，盖上坛盖。装坛时应当压紧，坛口应当密封良好。10 天后即可食用。

十七、山椒鱿鱼卷

1. 原料配方

鱿鱼 300g，野山椒 20g，野山椒水 50g，盐 45g，味精 5g，姜20g，葱 30g，料酒 30g，白糖 20g，凉开水 500g。

2. 工艺流程

原料处理→配制辅料→加料泡制→成品

3. 操作要点

（1）原料处理 将鱿鱼自然解冻后漂洗干净，去筋膜，在鱿鱼内侧斜刀交叉制成十字花纹，刀距约为 0.4cm，刀深约为鱿鱼厚度的 2/3，然后切成 5cm 长、3cm 宽的块；姜切片，葱切段。

（2）配制辅料 锅内加清水烧沸，放入姜片、葱段、料酒、鱿鱼块，用旺火加热，待鱿鱼块卷裹成卷时捞出，放入冷水中漂凉。

（3）加料泡制 将各调味料搅拌均匀放入坛中，放入鱿鱼卷，盖上坛盖，泡制入味后即成。

十八、山椒墨鱼仔

1. 原料配方

墨鱼仔 400g，芹菜 50g，姜 20g，葱 30g，料酒 30g，胡椒粉 1g，野山椒 1 瓶，盐 10g，味精 2g，白醋 15g。

2. 工艺流程

原料处理→加料泡制→成品

3. 操作要点

（1）原料处理　墨鱼仔撕去表皮，用盐、姜、葱、料酒码味，腌渍 30min 后，入蒸笼内蒸约 10min 取出晾冷；芹菜洗后切成 4cm 长的节。

（2）加料泡制　取一容器，放入野山椒、盐、白醋、味精、胡椒粉、墨鱼仔、芹菜节拌匀，用保鲜膜将容器密封，浸泡 4～6h 即成。

十九、爽口老坛子

1. 原料配方

凤爪 100g，鸭舌 100g，猪耳朵 100g，鹅胗 100g，胡萝卜 50g，青笋 50g，子姜 50g，甜椒 50g，野山椒 50g，花椒 8g，老泡菜盐水 800g，盐 50g，味精 5g，红糖 30g，白醋 15g。

2. 工艺流程

原料处理→配料泡制→成品

3. 操作要点

（1）原料处理　将凤爪、鸭舌、猪耳朵、鹅胗初加工干净后，将鹅胗制上花刀，改切成菱形块、备料分别入沸水锅中汆熟后捞出漂凉，猪耳朵片成薄片；胡萝卜、青笋切筷子条；仔姜切片；甜椒切菱形块。将野山椒、盐、花椒、白醋、味精、红糖、老泡菜盐水放入泡菜坛中搅拌均匀，分别将凤爪入坛泡约 4h，鸭舌泡约

2h，猪耳片、鹅胗泡约 24min，青笋、胡萝卜、仔姜、甜椒泡约 6h 后捞出。

（2）配料泡制　取小泡菜坛 1 个，将上述原料装入坛内，倒入少许泡菜水，盖上盖子上桌即可。

4. 注意事项

① 荤料氽煮时注意去异味，并浸漂凉透。

② 注意泡制时间。可按所需时间长短依次入坛泡制。

二十、三椒泡猪尾

1. 原料配方

猪尾 600g，野山椒 1 瓶，姜 25g，葱 30g，料酒 30g，花椒 20g，泡辣椒 150g，干辣椒 50g，子姜 150g，泡酸菜 150g，醪糟汁 100g，胡椒粉 5g，盐 50g，白醋 30g，老盐水 300g，凉开水 500g。

2. 工艺流程

原料处理→加料煮制→加料泡制→成品

3. 操作要点

（1）原料处理　猪尾刮干净后，斜斩成节。姜用刀拍破，葱切断，干辣椒去蒂去籽切成节，子姜洗净泥沙。

（2）加料煮制　锅置于旺火上，掺入清水，放入姜、葱、料酒、花椒（5g），烧沸后放入猪尾，煮熟后捞出漂凉，沥干水分待用。

（3）加料泡制　将各调味料搅拌均匀放入坛内，下猪尾，盖上坛盖，泡制约 12h，入味后即可食用。

4. 注意事项

① 猪尾要煮熟但不煮烂。

② 要充分泡制入味。

二十一、牛肉泡白菜

1. 原料配方

白菜 1000g，牛肉末 150g，萝卜 250g，大蒜 50g，食盐 30g，

辣椒 25g，姜末 25g，味精 3g，凉开水 550g。

2. 工艺流程

原料整理→预处理→泡制→成品

3. 操作要点

（1）原料整理　选择有心白菜，去掉菜头和外帮，洗净沥干后切成小块；萝卜洗净沥干，去皮切成块。辣椒切成小块，大蒜剁成泥。

（2）预处理　将处理好的白菜和萝卜分别装入坛内。将 15g 食盐溶入 300g 凉开水内，制成 5％的食盐溶液，倒入坛内预处理 1～2 天后捞出沥干。

（3）泡制　将白菜、萝卜置于坛内；辣椒块、大蒜泥、姜末和牛肉末一起加入坛内搅匀。剩余的食盐、味精加入 250g 凉开水内搅匀，倒入坛内，以淹没菜料为度。盖上坛盖，泡制 10 天左右即可。

4. 注意事项

① 发酵初期，坛内盐水易生长一层白膜，可加白酒处理。

② 如发现坛内菜汤变得黏稠并有腐败味时，则停止制作和食用。

二十二、牛肉泡什锦

1. 原料配方

白菜 4000g，牛肉汤 1000g，萝卜 1000g，牛肉末 600g，苹果 200g，大葱 200g，梨 200g，大蒜 200g，食盐 120g，味精 10g，辣椒粉 100g。

2. 工艺流程

原料整理→腌制→入坛→泡制→成品

3. 操作要点

（1）原料整理　将选好的健嫩白菜去菜头，去老帮，洗净沥干，切成小块；萝卜洗净，去皮，去根、顶，切成小块或片。将苹果、梨洗净沥干，去籽，切成片；大葱择好，洗净，沥干，剁成碎末待用。

（2）腌制　分别将以上两种菜装进两个盆内，分别用 60g 食盐和 20g 食盐腌制 4h。

（3）入坛　把经过预处理的白菜、萝卜捞出，沥干水分，再和苹果、梨、牛肉末、葱蒜末、辣椒粉一起拌匀装坛。

（4）泡制　用冷却后的牛肉汤溶化剩余的食盐和味精，搅匀后注入坛内，淹没菜料，盖上坛盖。10 天后即成。

4. 注意事项

① 在整个制作过程中，无论器皿还是手都要保持清洁卫生，以防引起泡菜变质。

② 不要有生水进入器皿和泡菜中。

③ 泡制初期可能出现一层白膜，可用白酒处理。如以后发现恶味或菜变质，就不要食用。

二十三、鲜花椒泡鸭胗

1. 原料配方

鲜鸭胗 500g，鲜青花椒 100g，葱白 50g，干红辣椒 30g，蒜 20g，醪糟汁 200g，盐 20g，姜 30g，香料包（大料 3g、香叶 2g、山柰 4g、桂皮 6g）1 个，味精 4g，清水 1000g。

2. 工艺流程

原料处理→配料→泡制→成品

3. 操作要点

（1）原料处理　将鲜鸭胗去筋膜洗净，入沸水锅内除净血水捞出待用；干红辣椒去蒂去籽；姜拍破，葱切段；香料用纱布包裹扎紧。

（2）配料　锅清洗干净，加入清水，放入鲜青花椒、葱白、干红辣椒、蒜、姜、醪糟汁、盐、香料包，烧沸后下鸭胗，用小火煮熟后捞出晾凉。

（3）泡制　将锅内原汁舀入泡菜坛中晾凉，放入鸭胗，加盖放阴凉处浸泡约 4h，取出鸭胗切片装盘，另取少量泡菜水和味精搅匀后淋在鸭胗上即成。

二十四、泡酸辣牛毛肚

1. 原料配方

牛毛肚（牛百叶）400g，甜椒 50g，野山椒 50g，食盐 20g，味精 4g，姜 20g，泡子姜 50g，葱 30g，白醋 20g，香菜 10g，料酒 30g，凉开水适量。

2. 工艺流程

原料处理→入坛、泡制→成品

3. 操作要点

（1）原料处理　将牛毛肚洗净，撕去筋膜，放入沸水中，投入姜、葱、料酒汆煮 2min，起锅放入凉开水中漂凉，切成 5 刀一断的块待用；甜椒去蒂去籽切粗丝；泡子姜切片；香菜洗净待用。

（2）入坛、泡制　取一容器，放入野山椒、食盐、味精、泡子姜、甜椒、白醋、牛毛肚块和凉开水搅拌均匀，用保鲜膜密封容器，浸泡约 6h 后，取出装盘，放上香菜点缀即成。

4. 注意事项

① 牛毛肚汆煮时间不宜太久。
② 可先刀工处理后再煮，效果更好。

二十五、小米辣泡牛腱

1. 原料配方

新鲜牛腱肉 400g，小米辣椒 50g，野山椒 50g，姜片 20g，蒜片 10g，葱 30g，芹菜 30g，白醋 20g，大料 2 个，当归 3g，盐 30g，料酒 30g，味精 5g，纯净水 500g，香菜 10g，野山椒水适量，纯净水适量。

2. 工艺流程

原料处理→加料泡制→成品

3. 操作要点

（1）原料处理　将新鲜牛腱肉用清水漂洗去血水，放入水锅中加入盐、料酒、姜片、葱，煮至牛腱肉成熟时捞起待用；小米辣椒、野山椒去蒂后切成段，当归泡胀后切片。

（2）加料泡制　将各调味料搅拌均匀后放入坛中，加纯净水，放入牛腱，盖上坛盖，泡制 24h 入味后即成。

4. 注意事项

① 选用新鲜牛腱肉制作此菜，其口感才韧而不柴。

② 当归起去膻味和增香作用，用量要适当，不能出现药味。

二十六、泡乌鱼萝卜块

1. 原料配方

萝卜 5000g，乌鱼 50g，梨 500g，盐 150g，胡萝卜 150g，芥菜 50g，栗子 50g，白菜半棵，小葱 25g，辣椒粉 50g，大葱 25g，大蒜 25g，姜 10g，香菜籽粉适量，水适量。

2. 工艺流程

原料整理→抹料码坛→泡制→成品

3. 操作要点

（1）原料整理　挑选上好萝卜，去顶、去根须，洗净后擦干或晾干，切成高 1cm、宽 3cm、长 4cm 的块。胡萝卜同样去顶、去根须，洗净擦干，纵切成较短的块，与萝卜一起用盐腌约 4h 左右，备用。将整棵白菜纵向切开，取半棵洗净。沥干水分，纵切一刀，再横切成 3cm 长片段，用盐腌 6h 左右，备用。小葱与芥菜收拾好、洗净后，沥干水分，均切成 4cm 长的段；姜、蒜与香菜籽粉一起捣成泥；大葱切成碎葱花；栗子、梨去皮，切成片，备用。乌鱼洗净，沥干水分，然后切成大小适宜的块。

（2）抹料码坛　用清水将腌过的萝卜、胡萝卜、白菜漂洗 2 遍，沥去水分，拌上辣椒粉，放置半小时，再把这些菜料与乌鱼块、小葱、芥菜、大葱末、姜蒜香菜籽泥、梨片、栗子片等全部放在一起拌匀，装入坛中。

（3）泡制　把盐放入适量水中，调好咸淡，置于火上烧沸后注入泡菜坛中。5 天后即可食用。

4. 注意事项

① 因为此泡菜制作过程中两次加盐，因而要特别注意咸淡适度，如果过咸，会破坏泡菜的鲜香味道。

② 此泡菜原料、调料较多，因而要特别注意每一种原料的质量和干净度，不要因为某一种原料质量差或整理不干净而影响了泡菜的整体质量。

③ 如想快些食用，可加两勺白糖，2 天即可食用，口味不变。

二十七、川式山椒泡香鸭

1. 原料配方

土鸭 1 只（约 1500g），野山椒 1 瓶，子姜 50g，西芹 50g，青豆 75g，甜椒 50g，泡辣椒 30g，鲜花椒 25g，葱 50g，味精 10g，醪糟汁 50g，盐 75g，香料包 1 个，香菜 50g。

2. 工艺流程

原料处理→加料泡制→成品

3. 操作要点

（1）原料处理　土鸭宰杀后加工干净，入沸水锅中煮熟，用清水冲洗漂冷后，斩大块待用。野山椒去蒂，子姜切片，西芹、甜椒切菱形块，青豆煮至断生后漂凉待用。

（2）**加料泡制**　将各调味料搅拌均匀后放入坛中，放入土鸭、青豆、西芹、甜椒，盖上坛盖，泡制 6h 入味后即成。

第五章

其他地区泡菜

第一节　北方地区泡菜

一、豫泡菜

1. 原料配方

圆白菜 10kg，清水 20kg，黄瓜 3000g，芹菜 1500g，白糖 1000g，青辣椒 1000g，胡萝卜 1000g，大蒜 600g，白醋 300g，食盐 200g，干辣椒少许。

2. 工艺流程

原料整理→焯料→拌料冷却→成品

3. 操作要点

（1）原料整理　将圆白菜切成小方块洗净；将黄瓜洗净切成 2cm 见方的小块；将芹菜洗净切成 3cm 长的小段；将胡萝卜去皮、切成片；将青辣椒切成方块；将大蒜去皮；将干辣椒切段。

（2）焯料　将锅内加清水 20kg 烧开，把准备好的蔬菜倒入锅内翻一翻，捞出来放入盆内。焯料时，水要烧开再放入蔬菜，翻一翻就立刻捞出来。

（3）拌料冷却　再把原锅水倒入盆内，加入备好的调料，搅拌均匀后冷却即成。

二、什锦酸菜

1. 原料配方

白菜 10kg，黄瓜 0.7kg，圆白菜 3kg，鲜青辣椒 4kg，大蒜

0.7kg，红辣椒 4kg，嫩豇豆 1.3kg，粗盐 4kg，胡萝卜 2kg，白酒 2kg，白萝卜 1kg，干辣椒 0.2kg，苦瓜 0.7kg，花椒 0.2kg，鲜姜 4kg，生姜片 0.7kg，芥菜梗 0.7kg，凉开水 20～25kg，芹菜 梗 0.7kg。

2. 工艺流程

制泡菜液→晒菜→入坛泡制→成品

3. 操作要点

（1）制泡菜液　将粗盐、干辣椒、花椒同时放入泡菜坛内，再加入白酒及凉开水，搅拌均匀，待粗盐溶化后，即可使用。

（2）晒菜　将菜料全部洗干净，晒干，用不锈钢刀切成小块。

（3）入坛泡制　将所有菜料放入坛内，搅拌均匀。夏天泡 1～2天，冬天泡 3～4 天即可食用。

4. 注意事项

① 喜食酸甜者，可以在泡菜水内加入少量白糖。

② 白酒最好用高粱白酒，无高粱白酒时，也可以用其他粮食酒。

③ 菜料可根据自己爱好选用。

④ 整个过程要注意卫生，尽可能不让生水进入坛中。取食泡菜时也要注意切忌沾油，以防止泡菜变质。

三、太原泡菜

1. 原料配方

白菜 10kg，胡萝卜 1kg，粗盐 500g，红柿椒 300g，汾酒 200g，芹菜 800g，清水 10kg。

2. 工艺流程

配盐卤→原料处理→控水→入坛泡制→成品

3. 操作要点

（1）配盐卤　将10kg清水烧开，加入粗盐 500g 溶化，将盐水晾凉，倒入一小坛内。

（2）原料处理　将白菜去根、去老帮，洗净切成瓣（大棵白菜可切成 4 瓣）；将萝卜洗净刮皮，切成手指粗的条；将芹菜去根、去叶、洗净，切成 10～12cm 长的小段；将红柿椒洗净，在其表面用干净牙签扎若干小孔，以便入味。

（3）控水　将所有菜料控干水分。

（4）入坛泡制　再将所有菜料泡入盐水之中，加入汾酒 200g，盖严坛口，添加坛沿水。浸泡 1 周后即可食用。

4. 注意事项

① 在柿椒面扎小孔要注意均匀。

② 适当多加一些汾酒可使成熟时间提前。

四、北京糖蒜

1. 原料配方

鲜大蒜头 100kg，白砂糖 50kg，清水 12kg，食盐 6.8kg，食醋 1.2kg，桂花 0.6kg。

2. 工艺流程

原料选择→整理、清洗→盐腌→浸泡→晾晒→汤汁配制→装坛→滚坛→成品

3. 操作要点

（1）原料选择　应选用肉质细嫩、蒜头直径 3cm 以上的紫皮蒜为原料，俗称"大六瓣"，采收期以夏至前四五天为宜，其蒜皮白，肉质嫩，辣味小。如采收过早，蒜头水分大、蒜瓣小，而过晚采收则蒜皮变红、质地变老、辛辣味重，会影响加工后产品的质量。剔除有病虫害、严重机械伤害和成熟度不适的蒜头。

（2）整理、清洗　剪去茎叶，保留 1.5cm 长的假茎，剥除蒜外表 2～3 层老皮，留 1～2 层嫩皮，削去须根，根盘要削平削净，不出凹心，不损伤蒜肉，然后用清水将蒜头洗净。

（3）盐腌　将洗净的蒜头与食盐按 100：5 的配比，一层蒜头撒一层食盐放入缸内进行盐腌，每层加盐后，稍洒些水，以促使食盐溶化。盐腌可保持蒜皮整齐不烂、蒜瓣不散，常称之"锁口盐"。盐腌过程中，每天翻缸 2 次，连续 3 天，待食盐全部溶化后即可。

（4）浸泡　将经盐腌的蒜头捞出，放入水中浸泡。蒜与水的比例为 1：3，待第三天水面冒出小泡时开始换水，每天换水 1 次，一般换 6～7 次，时间 7～8 天，等蒜头全部下沉冒出气泡为止，以脱除蒜头的辛辣味和浊气。

（5）晾晒　将泡好的蒜捞出，蒜茎朝下堆码在苇席上，3～4h 翻动 1 次，晒至外皮有韧性即可。

（6）汤汁配制　按每 100kg 蒜头需清水 12kg、食盐 1.8kg 和食醋 1.2kg，并加入白糖，煮沸晾凉后备用。

（7）装坛　将菜坛刷洗干净，按配料一层蒜一层糖装入坛内，再按比例灌入配好的汤汁，然后用塑料薄膜和白布，将坛口扎紧封好。

（8）滚坛　装坛后每天滚坛 2～3 次，2 天后打开坛口，换进新鲜空气，排出辛辣浊气味。以后每当封口塑料薄膜鼓起来就要放气 1 次。一般放气都在当日晚上打开坛口，次日早晨封口，打开坛口约 6h 左右。20 天后每天滚坛 1～2 次，再过 1 个月可隔 1 天滚坛一次。在蒜成熟前 6～7 天加入桂花，以增进风味。一般处暑季节即可成熟为成品。

4. 注意事项

糖蒜应放在阴凉、干燥的条件下储存，防止日光暴晒或温度过高，同时也应经常保持坛口良好的密封条件，防止因封口不严受潮或进入不干净的水，而引起糖蒜的软化、腐败、变质。

五、北京泡菜

1. 原料配方

白菜 5000g，葱 250g，苹果 250g，蒜 250g，梨 250g，盐

150g，白萝卜 500g，辣椒粉 150g，牛肉清汤 1500g，味精 30g。

2. 工艺流程

原料整理腌制→泡制→成品

3. 操作要点

（1）原料整理腌制　选用上好白菜，去根，去掉老帮，再把外部的大帮掰下 2 层，其余为整棵，都用开水清洗，控去水分。然后将大帮顺刀剖两瓣，切成 8～10cm 见方的块；整棵的白菜用刀一剖 4 瓣，同菜块一起用 50g 食盐腌 4h 左右。白萝卜也去顶、去根，洗净去皮，一剖 4 瓣，顺刀切成片，用 5g 食盐腌好。葱切碎；蒜捣成泥；苹果和梨去籽切成片。

（2）泡制　将腌好的白菜、白萝卜控去水分，装入容器内。把苹果、梨、牛肉清汤和所有调料兑在一起浇在白菜上，以没过白菜为准。最后用一块净石压在白菜上，使白菜投入卤汁中。按上述方法泡制，如果放在温度较高的地方，1～2 天即可食用，冬季一般 3～4 天后即成。

4. 注意事项

① 各种菜料的切法要按要求去做，各部分菜料比例要大小相近，不可过大或过小，给腌泡带来困难。

② 在以后食用过程中要注意观察菜的变化，如果发现有腐烂菜需倒坛，并适当加盐和其他调料。

③ 家庭制作时，如果没有牛肉清汤，也可用凉开水代替，但味道不如牛肉清汤好。

六、北方酸蒜苗

1. 原料配方

蒜苗 10kg，鲜辣椒 200g，食盐 1kg，白酒 100g，生姜 200g。

2. 工艺流程

原料处理→腌制→成品

3. 操作要点

（1）原料处理　将蒜苗洗干净，放入开水中烫一下，控干，装入泡菜坛。

（2）腌制　将生姜、辣椒洗净沥干后与食盐、白酒同时放入，腌制 30 天即可。

七、北方酸黄瓜

1. 原料配方

小黄瓜 100kg，芹菜 1kg，食盐 3kg，水 30kg，蒜头 3kg，红辣椒粉 1kg，丁香粉 100g，辣根 1kg，香叶粉 60g。

2. 工艺流程

原料处理→辅料调制→装坛发酵→成品

3. 操作要点

（1）原料处理　挑选长度在 8cm 左右，色泽青绿、肉质肥嫩的小黄瓜，用针或锥在其上穿眼（把瓜身穿透），然后把黄瓜放入冷水里洗净、沥干。

（2）辅料调制　将辣根和芹菜、蒜头切碎，加入丁香粉、香叶粉调匀。

（3）装坛发酵　将黄瓜按要求装坛，坛内放一层瓜撒一层香料。装满后，把热食盐水（按盐量加 10 倍水煮沸）灌入坛内，密封坛口，使其发酵。在 20℃条件下经过 20 天即成粗制酸黄瓜。

八、北方酸甘蓝

1. 原料配方

甘蓝 10kg，白糖 0.15kg，食盐 0.3kg，胡萝卜丝 0.8kg，五香粉 14g，香叶粉 3g，丁香粉 10g，红辣椒粉 60g，甘草粉 20g，胡椒粉 10g，苯甲酸钠 25g，果醋 0.2kg。

2. 工艺流程

原料处理→配料调制→泡制→成品

3. 操作要点

（1）原料处理　将甘蓝洗涤后，削去根，剥去老叶，只选包心最紧、鲜嫩洁白的甘蓝叶，再用刀切成长、宽各 3～6cm 的小块，然后再洗净沥去水分后称重，每 10kg 甘蓝加入 0.8kg 切成约 0.6cm 粗的胡萝卜丝，一起放入缸中，用水洗涤，捞入筐内，连筐一起煮 1～1.5min，至甘蓝叶全部变成乳白色为止。

（2）配料调制　将各料混合均匀，洒在烫好的甘蓝上，充分搅拌均匀，使每片菜叶都沾上辅料。

（3）泡制　将拌好辅料的甘蓝装入坛内，装满后，将菜再进一步压实，以便把空气排出去。再在坛口处盖两层油纸，用绳子捆牢。最后用水泥调黄泥，封住坛口，进行发酵。

4. 注意事项

① 酸甘蓝怕热，怕晒，怕透风，宜于低温贮存，包装要密封（0～10℃环境）。

② 在春、夏季节中，每隔 20 天左右要更换汤汁。具备以上条件可保存一年左右。

③ 装坛时注意装满压实，添足坛沿水。

九、北方酸豇豆

1. 原料配方

豇豆 100kg，五香粉少许，盐 12kg，水适量。

2. 工艺流程

原料处理→泡制→成品

3. 操作要点

（1）原料处理　将鲜豇豆洗净，放入开水锅中烫 2min，捞出放在清水中冷却，捆成小把，放在阴凉处风干部分水分。

（2）泡制　将豇豆加盐、五香粉揉搓均匀，放在缸内，层层压紧，上用石块压住，15 天后即成。

4. 注意事项

① 泡的豇豆要新鲜不走籽，最好是当天采摘当天处理。

② 出坯时间不宜过长，气候较热，容易坏菜。

③ 入罐后半个月就要检查，盐水的颜色要橙黄，味道要咸鲜中带酸鲜味。如果颜色不好就加红糖，咸而不鲜加绍酒、白酒（宜少），鲜而不咸加食盐。如果不咸不淡，就不能久储。

十、北方酸萝卜

1. 原料配方

萝卜 1000g，盐 40g，白糖 10g，柠檬酸 2g，白醋适量，开水适量。

2. 工艺流程

原料处理→入坛泡制→成品

3. 操作要点

（1）原料处理　选用嫩健、无虫害、不空心的萝卜，洗净，去顶、去须根，切成小片或小块，放在用开水冲化的盐水中浸泡，要求水面没过萝卜以使之入味。夏季泡 2 天后（冬季泡 1 周）备用。将泡过的萝卜捞出，用清水洗净备用。

（2）入坛泡制　用 500g 开水和白醋混合放入坛内。水凉后，放入萝卜，同时将白糖、柠檬酸一起放入，水面浸没萝卜。浸泡3h 左右即可食用。

4. 注意事项

① 萝卜片或块在盐水中的浸泡时间以泡软为准。

② 此菜含盐分较少，所用水均为开水，因此注意不要在泡制加工过程中加入生水。

③ 浸泡 3h 过程中，坛子应加盖，防止失去柠檬味。

十一、北方酸圆白菜

1. 原料配方

圆白菜 100kg，果醋 2kg，胡萝卜丝 8kg，五香粉 100g，食盐 3kg，胡椒粉 100g，甘草粉 200g，丁香粉 70g，红辣椒粉 500g，苯甲酸钠 100g，香叶粉 30g，白糖 1500g。

2. 工艺流程

原料处理→热烫→拌料入坛→成品

3. 操作要点

（1）原料处理　选择包得紧、鲜嫩洁白的圆白菜，剔除老叶和绿叶。将菜叶切成 1.5cm 宽的小块，洗净，沥水过磅后加入已切成 0.6cm 粗的胡萝卜丝。

（2）热烫　用竹筐装圆白菜，连同竹筐一起放入沸水锅里，煮 2min，待菜叶全变成乳白色为止。烫菜时，须不断搅拌，使其烫得均匀，锅内水温要保持沸腾状态，取出晾凉。

（3）拌料入坛　冷却后立即拌料，用木铲反复搅拌，使每坛菜叶上都沾上各种调料，搬运后可入坛。装满后，用圆木棒略加捣塞，使坛内空气排出，再在坛口盖两层油纸，用绳扎口，另用黄泥调水泥封住坛口。

4. 注意事项

拌料要均匀，装缸时应当密封、压实。

十二、北方平菇酸菜

1. 原料配方

平菇 100kg，食盐、砂糖、白酒、香料（花椒、红辣椒、茴香）适量，0.1% 柠檬酸液适量。

2. 工艺流程

原料预处理→盐水配制→入坛泡制→成品

3. 操作要点

（1）原料预处理　选新鲜、灰白色、细嫩的平菇，用清水漂洗，去除污物泥沙，适当切分，切除菇脚，沥干后投入 0.1％的柠檬酸煮沸液中预煮数分钟，破坏酶活性，防止平菇加工过程中变色。捞出后备用。

（2）盐水配制　用深井水或泉水配制成含食盐 6％～10％、砂糖 1％～2％、白酒 0.5％～1.0％以及香料（花椒、红辣椒、茴香）的盐水。

（3）入坛泡制　盐水配好后，盛入泡菜坛，再放入经预处理好的平菇，注意泡制期间的管理。平菇酸菜的成熟期，依气温、发酵状态及对成品的要求而定，一般 7～15 天，含酸量达 1.0％以上即可。

4. 注意事项

装坛时应当密封、压实。

十三、山东咸辣白菜

1. 原料配方

白菜 10kg，花椒粉 10g，食盐 1kg，甘草粉 50g，辣椒粉 120g。

2. 工艺流程

原料整理→晾晒→发酵→切条→拌料泡制→成品

3. 操作要点

（1）原料整理　选择大棵、包心的大白菜，剥去黄帮、去根。

（2）晾晒　将白菜一层一层剥开，略晒半日，散热后装缸。

（3）发酵　装缸时铺一层菜撒一层盐，缸满后用石头压紧，使之发酵（一般要 15 天）。装坛时，应当装满、压实。

（4）切条　将发酵的白菜用缸内菜汁洗净，切成宽 3cm、长 6cm 的条。

（5）拌料泡制　把辣椒粉、花椒粉、甘草粉混合，拌入白菜，装入缸内。装缸时要一层一层压实，经过 12h，待酸气向外扩散时封严缸口，10 天后即成咸辣白菜。

十四、熟渍北方酸菜

1. 原料配方

白菜 5kg，食盐（或不加食盐）250g，清水或米汤适量。

2. 工艺流程

原料选择→整理→热烫→装缸→发酵→成品

3. 操作要点

（1）原料选择　一般选用半成心的中、小棵新鲜白菜为宜。

（2）整理　将白菜剥除老帮、黄叶，削去菜根，用清水洗净，控干附着的水分。小棵白菜可整棵使用，棵大的白菜可用不锈钢刀劈成两瓣，或从根部劈成"一"字或"十"字，刀口深度为 5～8cm。

（3）热烫　将整理好的白菜，逐棵放入沸水中热烫 2～3min，烫至白菜帮变得柔软呈半透明状、乳白色时捞出，立即放入冷水中进行冷却，然后控干水分。

（4）装缸　将热烫后的白菜，码一层白菜撒一层食盐，层层码入干净的缸中。码菜时要注意菜根与菜梢颠倒码放，码齐装紧，最上层盖一层白菜帮，压上石块。装坛时，应当装满、压实。而后倒入清水或米汤，以淹没菜棵 10cm 左右为度。

（5）发酵　装好缸后，在 15℃条件下发酵 20～30 天即为成品。

十五、生渍北方酸菜

1. 原料配方

白菜 10kg，食盐 50g。

2. 工艺流程

原料处理→清洗→晒菜→入缸→发酵→成品

3. 操作要点

（1）原料处理　将白菜切去菜根，剥去老帮、黄帮。对每棵质量超过 1kg 者，从根部纵向劈成两瓣；对每棵质量超过 2kg 者，纵向劈切成四瓣。

（2）清洗　用水洗净泥土及杂质等，捞出，沥去浮水。

（3）晾晒　将洗涤后的白菜置阳光下晒 2～3h，其间翻菜 1 次。

（4）入缸　将沥干水后的白菜放入缸中，放一层菜撒一层盐。按一层菜根对菜根，一层菜梢对菜梢的方式，码入缸（桶）内至满缸（桶），然后摆上"井"字形木条，压上石块，石块质量占菜重的 15% 左右。装坛时，应当装满、压实。将水灌入装有白菜的缸（桶）中，使水漫过菜面 10cm。

（5）发酵　灌水后，置 20℃ 常温下自然发酵。同时，每隔 10 天，取出部分菜卤用清水替换，约 30 天即为成品。

十六、北方酸包心白菜

1. 原料配方

包心白菜 100kg，食盐 4kg。

2. 工艺流程

原料处理→热烫→冷却→泡制→成品

3. 操作要点

（1）原料处理　挑选菜叶白嫩、包心坚实的包心白菜，切去菜根和老叶，每棵以不超过 1kg 为宜，菜应纵向切开。

（2）热烫　将包心白菜洗净后，用手捏住叶梢，把菜梗伸进锅内沸水中，再徐徐把叶梢放入锅内热烫 1min。

（3）冷却　当菜叶柔软透明、菜梗变成乳白色时，迅速捞入冷水中冷却。

（4）泡制　将冷却后的包心白菜菜梗朝里菜叶朝外，层层交叉放入缸内，撒上食盐，用石块压实，加进清洁冷水，漫过菜面 10cm，20 天后即可。

4. 注意事项

① 北方酸包心白菜要保持在 15℃以下贮藏，温度过高容易腐败。

② 在贮藏时，缸内的水应始终没过菜面 10cm 左右，每隔 10 天用清水替换出一部分菜水，菜水蒸发后，应及时补足。贮藏期 4～5 个月。

③ 腌菜前应洗净原料，减少硝酸盐还原菌。贮藏时菜汁上的霉膜切勿沉入菜汁中，避免它们被分解成胺类物质。

十七、北方酸渍大头菜

1. 原料配方

大头菜 100kg，食盐 1～3kg，清水适量。

2. 工艺流程

原料处理→泡制→成品

3. 操作要点

（1）原料处理　选择带有绿叶的大头菜，去掉老帮，沿根部切成两半。晾晒至稍萎缩，再用清水洗净。

（2）泡制　将表层水沥干后，再将切好的大头菜放入缸中，撒上食盐。满缸后，上压石块，注满清水，置 12～15℃的室内发酵。一般 30～40 天后即成。

4. 注意事项

① 装缸时应当密封、压实。

② 若在酸渍过程中有白霉点时，可加入食盐和少量高度白酒，并移放阴凉通风处，3～5 天后霉点会自然消失。

第二节　南方地区泡菜

一、广东酸笋

1. 原料配方

笋块 300g，食盐 24g，凉开水 250g。

2. 工艺流程

原料整理→入坛泡制→成品

3. 操作要点

（1）原料整理　选用老嫩适中的新鲜毛竹笋，剔除粗老或过大过小的笋。将笋干放在木板上，用刀切除笋的老根部位。应恰好切出光滑的笋节，再用刀削去笋的尖端，并从笋的纵向用刀划一条缝，划至笋内部位，用手剥掉笋壳。再把笋纵向劈作 3～4 瓣，投入清水中浸泡，以防笋肉变老、变质。

（2）入坛泡制　在菜盆内盛好 250g 凉开水，加入食盐，进行搅拌，使盐迅速溶化。这时将笋块平铺在一桶（坛）内，立即灌进盐水，用竹片卡紧。盖上桶盖，让笋自行发酵，4 天左右即成。若要长期保存，在泡成后再往桶内盐水中加入 24g 食盐搅拌均匀，以盐水淹没笋块为度。

4. 注意事项

① 泡出的笋块能储存 15 天，此时笋块呈乳白色，笋尖呈赤褐色。再次加盐后则可储半年以上，笋块全部呈乳白色。只要盐水保

持乳白色，便可继续储存。

② 如果发现桶内盐水变色且污浊不清应立即换桶，装入 15％ 的新盐水中，并拣出变色笋块。

二、武汉酸白菜

1. 原料配方

白菜 2000g，食盐 140g。

2. 工艺流程

晒菜→铺菜揉压→发酵→成品

3. 操作要点

（1）晒菜　选用鲜嫩的高脚白菜，清洗后挂在拉绳上晒 2～ 3 天。

（2）铺菜揉压　将晒软的菜顺序铺在坛里，一层菜一层盐。铺菜时，最底层是将第二株菜的菜帮压在前一株的菜叶上，逐株盘旋铺放，使坛底部只与最底层的菜叶接触。第二层起到坛满为止，铺法恰好相反，把第二株菜的菜叶盖在前一株菜帮上，使面上只见菜叶不见菜梗。第一层不加揉压，第二层起逐层压实，使白菜柔软而不使菜梗破损。整坛白菜压得严密紧实，不透空气。铺到离坛口约 20cm 时，加压石块，以后逐日揉压。

（3）发酵　待菜卤高过菜面 6cm 以上时，停止揉压，将坛压盖好，放在空气流通的竹棚下，任其发酵。经 25 天后，即成酸白菜。

4. 注意事项

① 原料宜选择一种高脚白菜，也叫箭杆白菜。

② 防止油污和生水进入坛内，以免变质。

③ 发酵初期，盐水表面会泛起一层白水泡，几天后即会消失。这是白菜在发酵过程中的正常现象。

④ 武汉酸白菜在坛内不动，可保存 4 个月左右。一般立冬时

泡制，到春节可以食用。

三、镇江糖醋蒜

1. 原料配方

鲜蒜 50kg，食醋 36kg，10°Bé 盐水 15～20kg，白糖 19kg，食盐 4.5～5kg。

2. 工艺流程

原料选择→盐腌→晾晒→糖醋液的配制→糖醋渍→成品

3. 操作要点

（1）原料选择　选用在农历小满前后 1 周以内收购的鲜蒜头，直径在 6cm 左右。而且鳞茎整齐肥大、皮色洁白、质地鲜嫩者。鲜蒜宜早收，迟则皮色转红，有炸瓣，辣味大而且破碎多。

（2）盐腌　将鲜蒜头用清水洗净，备 1 个缸，内装盐水 15～20kg，浓度为 10°Bé，蒜头投入缸内，以装大半缸蒜头为宜。鲜蒜头每 50kg 加入食盐 4.5～5kg，每天早晚各翻拌 1 次，中午前后浇卤，连续进行 1 周，1 周后每日翻拌 1 次，中午前后仍需浇卤。2 周后，将蒜头从缸内捞出，装入小口坛内压紧。用蒜皮塞口、盐泥封口后倒置存放。

（3）晾晒　把蒜头摊放在芦席上暴晒，至外皮发脆时，用手逐层剥去外层蒜衣。咸蒜每 50kg 晒至 25kg 左右时即可收起备用。

（4）糖醋液的配制　咸蒜每 50kg 用白糖 19kg、食醋 36kg，先将食醋加热煮沸，然后倒入白糖，配成糖醋卤，冷却到60～70℃。

（5）糖醋渍　将蒜头装入坛内，灌满糖醋卤，封紧坛口，经 30 天后即成熟，出品率约为咸蒜的 90%。

4. 注意事项

糖醋蒜应放在阴凉、干燥的条件下储存，防止日光暴晒或温度过高，同时也应经常保持坛口良好的密封条件，防止因封口不严受潮或进入不干净的水，而引起糖醋蒜的软化、腐败、变质。

四、广东糖醋瓜缨

1. 原料配方

黄瓜 50kg，食醋 10kg，食盐 14kg，白糖 20kg。

2. 工艺流程

原料选择、清洗→盐腌→沥水→复腌→切分→脱盐→醋渍→糖渍→二次糖渍、泡制→成品

3. 操作要点

（1）原料选择、清洗　选用瓜顶上有残花，瓜瓤很小或尚无瓜瓤、最鲜嫩的乳黄瓜为原料。加工前用清水洗净。

（2）盐腌　把瓜逐层装进木桶。黄瓜每 50kg 加食盐 9kg，撒盐后摊平，不需搅动。最上一层，黄瓜每 50kg，需多加盐 0.5～1kg，用以防腐，装满后盖上竹箅盖，压上相当于桶内黄瓜质量50%的鹅卵石。3h 后即可腌出大量瓜汁，桶内瓜层下陷。用橡胶管把桶内的瓜水吸去一部分，留在桶内的瓜汁必须漫过黄瓜 7cm。腌 24h 后，捞出，沥水。泡坛水应当完全淹没菜体，保持坛沿水不干。

（3）沥水　用笊篱把黄瓜捞到竹筐内，盖上竹箅盖，压上相当于筐内黄瓜质量 50%的鹅卵石，3h 后沥净水汁。这时瓜的颜色仍然很绿，但肉质已变柔软。每 50kg 鲜黄瓜的质量减至 30kg。

（4）复腌　经一次腌制的瓜坯按每 50kg 加食盐 8kg 的标准，再次入桶腌制。这一次，压上鹅卵石后，腌出瓜汁较少，不需吸除，盐腌 24h，即为半成品。半成品颜色略黄，瓜身瘦软，有皱纹。每 50kg 鲜瓜经两次腌制后质量减至 20kg。

（5）切分　咸瓜坯由桶内捞出，沥净盐水后，用刀劈成两半，再切成长 3～4cm、宽 4mm 的细瓜条。剔除不易加工的半成品。

（6）脱盐　将切好的瓜条用清水浸洗 3min，洗净。装入缸

里,再用清水浸泡 12h,析出一部分盐分,浸泡时水要漫过瓜条 10cm。析出盐分以后,捞到竹筐里,盖上竹篾盖,压上石头,沥去水汁。为使压力和排水均匀,沥水 4h 后,须翻动 1 次,再沥水 4h。

(7) **醋渍** 瓜条装入缸内,装至距缸口 10cm 时为止。灌入相当缸内瓜条质量 50%的食醋,醋须漫过瓜条 9cm。盖上竹篾盖,不再压石头。浸渍 12h,捞到竹筐里,经 3h 沥去过多的醋液。此时瓜条丰满,色泽鲜明,质量也较醋渍前增加。

(8) **糖渍** 把瓜条再装入缸内,撒入与瓜条同样质量的白糖。搅拌均匀后,摊平,蒙上麻布,盖上竹篾盖和缸罩,连续糖渍 3 天,使瓜条充分吸收糖液,并析出一部分水分,瓜条变成黄绿色。然后,把瓜条捞到竹筐里控干糖液,控出的糖液要保持清洁,盛在缸或桶内。

(9) **二次糖渍、泡制** 把沥下的糖液倒在锅里,捞去渣滓和杂质,煮沸。然后把锅里的糖水舀到缸里散热。等到糖液凉透,把瓜条重新泡进去,待其自然发酵后即为成品。

五、荆州甜酸独蒜

1. 原料配方

新鲜独头蒜 100kg,白糖 40kg,食盐 15kg,苯甲酸钠 76g,柠檬酸适量。

2. 工艺流程

原料选择→整理、清洗→浸泡→盐腌→脱盐→糖渍→成品

3. 操作要点

(1) **原料选择** 选用立夏节气收获的质地细嫩的新鲜独头蒜为原料。

(2) **整理、清洗** 剥去蒜头外面的老皮,剪去茎叶,留 2cm 长的假茎,削除须根,而后用清水洗净泥沙。

(3) **浸泡** 将经整理的蒜头用清水浸泡 2～3 天,直至水面无

泡沫上浮为止，捞出，控干水分。

（4）盐腌　将经浸泡的蒜头与食盐按比例，一层蒜一层食盐装入缸内进行盐腌。开始时每天翻缸 2 次，连续翻缸 10 天后，每天翻缸 1 次。翻缸应透彻均匀，每次翻缸后缸内蒜头中央留个凹形的小坑，以利于气体排出。

（5）脱盐　将盐腌的蒜头捞出，用清水浸泡 1 天，中间换水 1 次，使蒜头中食盐量下降到 1/2，捞出装入普通塑料袋，进行堆叠，适度压榨，除去水分。

（6）糖渍　将经脱盐的蒜头与白糖、柠檬酸和苯甲酸钠按比例装入缸内，拌和均匀，缸面再铺一层 3～4cm 厚的白糖，待糖溶化后，盖上罩子，放置篾格压上重物（如耐酸瓷砖等），缸口用牛皮纸或薄膜封闭，糖渍 3 个月即为成品。

六、广东潮州酸芥菜

1. 原料配方

叶用芥菜 10kg，食盐 800～1300g。

2. 工艺流程

原料选择→整理→晾晒→盐腌→倒缸→发酵→成品

3. 操作要点

（1）原料选择　选用叶片肥厚、质地鲜嫩、无病虫害的新鲜叶用芥菜为原料。

（2）整理　将芥菜摘除老叶、黄叶、烂叶及叶柄，削除根须，用清水洗净泥沙和污物，并控干水分。然后将大棵芥菜由根部切分为两瓣。

（3）晾晒　将整理好的芥菜在通风向阳处，挂在绳子上进行晾晒，脱除一部分水分，至菜体变软。

（4）盐腌　将经晾晒的芥菜与食盐按 100∶（6～8）的比例，放一层菜撒一层食盐，装入缸内进行腌制。装菜时应层层压实，装满后压上重物，造成嫌气性条件，以利于乳酸发酵。腌制 5～7 天。

（5）倒缸　将经初腌的芥菜逐层翻倒入另一干净的缸内，与此同时分层撒入配料中剩余的食盐。倒缸码菜时应注意层层压实，压上重物，灌入菜卤，并使菜卤淹没菜料。

（6）发酵　装好缸后，密封缸口，置于空气流通处进行自然发酵。1 个月左右即可成熟。

七、广东潮州酸咸菜

1. 原料配方

芥菜 100kg，食盐 8kg。

2. 工艺流程

原料处理→晒菜→腌制发酵→成品

3. 操作要点

（1）原料处理　先将芥菜修整除去烂叶，大株的切半。

（2）晒菜　经过日晒后蒸发部分水分，使菜体变软。

（3）腌制发酵　盐渍时于菜桶中把盐均匀撒在每层菜体上。由于乳酸菌是嫌氧菌，适宜在缺氧的环境中繁殖，为此，腌渍酸菜时需将菜体层层压实。为了加速成熟，采用分次加盐的办法，初腌时先加入总盐量的 70%，以便在最初几天内乳酸菌大量增殖。5～7 天后进行翻缸时，再把剩余的食盐撒在每一层表面，压实密封。芥菜腌制一个月左右即可成熟。

第六章

韩 式 泡 菜

第一节　韩式泡菜加工工艺

一、韩式泡菜简介

国际食品法典委员会（CAC）223—2001 对韩国泡菜的定义、描述如下：以大白菜为主要原料，辅以其他蔬菜原料，经整理、切分、盐渍和调味后发酵而成。

韩国泡菜允许添加水果、米糊、坚果、盐渍和发酵的海产品、芝麻、糖、其他蔬菜（如萝卜等）、小麦面团等。韩国泡菜品种已达到 190 多种，调味料也达到 50 多种。

二、原料预处理

1. 原料选择

选择新鲜、成熟适度（质地脆嫩）、无病虫害、无机械损伤、无发热现象等的优质蔬菜原料。

2. 挑选、整理

除去白菜帮子和黄叶，整理去掉附着在白菜上的泥土等异物，此时去掉的部分有 15%～25%。有的按每棵白菜大小来分级挑选，如果同时生产加工未发酵泡菜和整棵泡菜，则用较大白菜腌制整棵泡菜，用中等或较小白菜腌制未发酵泡菜。有时为了除去白菜心中的异物，并清除残留的农药，需清洗 3～5 次。

3. 切分

将选好的白菜切分成适合加工的大小。若腌制整棵白菜泡菜时，大部分将白菜切成 1/2 大小，仅部分根据白菜大小切成 1/4，多数采用人工切菜，有的采用自动切菜设备，因为机械切菜损失和浪费较大。若腌制营养泡菜（即小片块状白菜），先将白菜切分成 2~3cm 或 3~4cm 见方，此时多数采用自动切菜设备。

三、盐渍、脱盐、脱水

1. 盐渍

韩国多数使用粗粒盐，盐渍有湿（态）式和干（态）式两种，即利用食盐水盐渍的为湿式，直接用食盐盐渍的为干式，大部分企业并行使用此两种方法。将切分成适度大小的白菜放入丝网式不锈钢桶或丝网中，加入盐水后浸泡在移动式不锈钢盐渍池，食盐浓度为 8%~12%，使用过的盐水最多可重复使用两次。

盐渍时间受季节温度的影响而不同，一般夏季 6~8h、冬季 8~10h。需要注意的是盐水浓度过高或盐渍时间太长，都会破坏白菜组织，所以要调节控制好盐水浓度或盐渍时间。

2. 脱盐（清洗）

将盐渍好的白菜进行清洗，清洗的过程即是脱盐的过程，清洗 6~10h 盐渍的白菜，可以除去部分盐分，白菜的盐分浓度要达到 3%~5%。清洗在不锈钢制成的三层洗菜槽中进行，采用流水清洗，可分阶段进行以保证泡菜的清洁卫生。

3. 脱水（压榨）

清洗干净的白菜即进行压榨脱水，大部分使用压榨脱水设备脱水，有的使用特制脱水台进行自然脱水。

四、拌料、包装、发酵

1. 拌料（加调味料）

脱水后的白菜进行拌料（即加入调味料），拌料前预先配制好辣椒、蒜、生姜等各种调味料，有的一天前准备好调味料，冷藏后第二天使用。

腌制整棵白菜泡菜时，把白菜叶一片一片地扒开，用手将调味料均匀地涂抹在白菜叶上，然后复原菜叶，包裹好进入下一步。腌制营养泡菜时则使用拌料机械设备进行搅拌拌料。整棵泡菜的腌制，批量生产存在一定的困难。此时泡菜的盐分浓度应为2%～3%。

2. 包装、发酵

拌料后的整棵或小片块白菜泡菜进行包装，之后进入低温冷藏库或冰箱中进行低温（5～10℃）发酵（或熟化），也有少部分企业则是在常温条件下发酵熟化（夏季12h、冬季3～4天），熟化发酵后贮藏在低温贮藏库里。当泡菜酸度（乳酸）达到为0.5%～0.8%时，发酵熟化完成。

韩国泡菜生产加工企业有一半是拌（涂）好调味料，包装后发酵熟化，而有一半企业则待发酵熟化后再包装。制作批量供货的大容量泡菜时，有时不经过熟化就直接出厂。

韩国泡菜的流通期在低温流通情况下，一般为25～30天，此期间过后，泡菜品质明显下降，还出现包装膨胀现象，从而其商品性下降。出口泡菜时，用-2～4℃冷冻集装箱搬运。

3. 检验

泡菜产品还须经感官和理化检验及包装和装箱检查，剔除不合格产品。

第二节 朝鲜泡菜

一、朝鲜辣白菜

1. 原料配方

白菜1000g，大蒜100g，食盐50g，白梨10g，生姜10g，红辣椒丝125g，辣椒粉5g，盐水适量，香菜适量，白糖适量，味精适量，水适量。

2. 工艺流程

原料整理→腌制→抹料码坛→泡制→成品

3. 操作要点

（1）原料整理　选择大棵、包心的白菜，去掉老帮，削去青叶，去根，用清水洗 3 遍，晾干水分，然后整齐地放入泡菜坛中。

（2）腌制　盐水烧开，晾凉倒入装白菜的坛中，至白菜被淹没为止，腌 3～4 天，将白菜取出，再用清水洗两遍，控干水。

（3）抹料码坛　先把生姜、大蒜、红辣椒丝剁成泥，然后与食盐、香菜、辣椒粉一起拌成泥，取出，放少量水和味精一起再搅拌均匀。将梨削皮，横切成大片，备用。把调料均匀地抹在每一片白菜叶上，整齐地码在腌菜坛内，每放几层，铺一层白梨片。

（4）泡制　在剩余的调料和适量的水中，放入少许盐，将味道调淡些，3 天之后倒入坛中，使水没过菜体 1cm 左右。将泡菜坛放在地窖里，20 天左右产品即可食用。

4. 注意事项

① 各种原料要清洗干净，装坛时应当装满压实。

② 洗净后的原料要晾干水分，否则容易变质。

③ 尽量随泡制随食用，若需长期保存，则可滴几滴高度白酒在泡菜水的液面。

二、朝鲜咸白菜

1. 原料配方

白菜 1000g，食盐 60g，大蒜 50g，芥菜籽 10g，生姜 10g，味精 10g，辣椒 30g，芝麻 30g，胡萝卜丝适量，白梨片适量，苹果片适量，水适量。

2. 工艺流程

原料整理→腌制→制调料馅→清洗→抹料泡制→成品

3. 操作要点

（1）原料整理　将白菜削除根部，去掉老帮、老叶，用刀切开成两半，再用清水洗干净备用。

（2）腌制　将 50g 食盐化成盐水，盛入大盆。再将洗干净的白菜放在盐水内浸一下，捞出，一层层地码在坛内，码完之后，将剩余的盐水倒入坛中，最后用石块压好。24h 后上下翻倒一次。待白菜腌到其外表像被开水烫过一样即可。通常需腌制 3 天左右。

（3）制调料馅　大蒜、生姜、辣椒、芝麻、芥菜籽、胡萝卜丝、白梨片、苹果片等用绞肉机搅碎或用其他工具捣碎成饺子馅状，加入味精和剩余食盐。

（4）清洗　将经过初腌的白菜用清水洗干净，控干备用。

（5）抹料泡制　把拌好的作料装入大盆内，再把洗干净控干后的白菜叶一片片地扒开，用手将作料均匀地抹在菜叶上，抹完之后一层层地码在坛内。白菜抹完后，将剩余的作料倒在上面，然后用白布盖好，并将坛置于阴凉处，10 天后即可食用。

三、朝鲜通常泡菜

1. 原料配方

白菜 10kg，萝卜 7kg，芹菜 1.5kg，盐 0.7kg，芥菜 0.6kg，蒜头 0.5kg，大葱 0.3kg，虾酱汁 0.3kg，辣椒粉 0.3kg，生姜 0.1kg，生牡蛎 0.3kg（或墨鱼 1 条），盐水适量。

2. 工艺流程

原料整理→腌制→配料准备→泡制→成品

3. 操作要点

（1）原料整理　将白菜除去老帮、老根，切成 2～4 瓣，放入一干净坛内。

（2）腌制　倒入盐水 1 桶（加适量盐即可），基本与菜面平齐，上面再撒一些盐。腌制 1 天以后，将咸白菜捞出用清水洗数遍，沥干水分。

（3）配料准备 取300g萝卜刨成丝，其余的萝卜均切成块待用；将生姜、蒜头捣碎成泥，与切成块的萝卜及部分盐、辣椒粉搅拌在一起；将芹菜和芥菜洗净，切成5cm长的小段；将生牡蛎用少许盐腌制，再清洗干净，沥去水分；将大葱切碎。将萝卜丝用辣椒粉拌至鲜红的程度，再与上述所有调料拌在一起，最后用虾酱汁和盐调味。

（4）泡制 把配好的调料均匀涂抹在白菜的菜叶上，在坛底码放一层白菜，放些萝卜块，上面再放一层白菜，然后用宽大的菜叶盖住，用净石压住。用以上方法泡3～4天后，把熬沸晾凉的盐水倒入坛内，要求水面高于菜面。腌至6～7天即可食用。

4. 注意事项

① 各种菜料一定要洗干净，防止污染整个菜坛。如用墨鱼，则要剥皮，剁成两段后切成丝，在盐水里泡1天后控干水分，再进行泡制。

② 向白菜叶上涂抹调料可使味道均匀，因此要注意涂抹均匀，里外上下都要涂抹到。

四、朝鲜高级什锦泡菜

1. 原料配方

白菜4kg，萝卜1kg，牛肉末0.6kg，鱼肉丝0.6kg，牛蹄筋汤0.4kg，蟹肉汤0.4kg，干贝汤0.4kg，大葱0.2kg，苹果0.2kg，大蒜0.2kg，梨0.2kg，辣椒粉0.1kg，生姜0.1kg，食盐0.16kg，味精0.01kg。

2. 工艺流程

原料预处理→装坛→泡制→成品

3. 操作要点

（1）原料预处理 选择满心的白菜，去菜根，去老帮，洗净，沥干水分，切成小条；萝卜去根、去顶、去皮、洗净，切成丝。将以上两种菜料装入坛或盆内，分别用 60g 食盐和 20g 食盐腌 4h，作为预处理。将苹果、梨去柄，洗净沥干，去籽，切成小片或条；大葱、大蒜、生姜择好洗净，剁成碎末。

（2）装坛　捞出腌制中的白菜、萝卜，沥干表面水分，再和苹果、梨、牛肉末、鱼肉丝、葱姜蒜末和辣椒粉拌匀，装坛。

（3）泡制　将冷却后的蟹肉汤、干贝汤、牛蹄筋汤混合在一起，加入剩余的食盐和味精，搅拌后倒入坛内，以淹没菜料为度。盖上坛盖，发酵 10 天左右便可食用。

第三节　韩国叶菜类泡菜

一、韩国白菜包泡菜

（一）方法一

1. 原料配方

白菜 5000g，萝卜 1000g，水芹 100g，芥菜 200g，细葱 50g，蒜 50g，生姜 30g，辣椒丝 30g，辣椒粉 20g，盐 100g，酱黄花鱼 450g，鱿鱼 1 条，鲍鱼 1 个，香菇 10g，生栗子 20g，松仁 30g，大枣 50g，石耳 2 个。

2. 工艺流程

原料预处理→调料添加→制作白菜包、入坛→泡制→成品

3. 操作要点

（1）原料预处理　白菜分半，腌在 9% 盐水里。萝卜按宽 3cm、长 4cm、高 0.5cm 大小切成片，并用盐腌好。腌的白菜切成同样大小。生栗子切成片，水芹、芥菜、细葱切成 4cm 长的段。鱿鱼去皮切成 4cm 大小，鲍鱼切成薄片。取出酱黄花鱼的肉，鱼头和骨头待用。把泡涨的香菇和石耳切成粗条，蒜、生姜

切成丝。

（2）调料添加　在萝卜、白菜中放海味和作料，用辣椒粉拌后以酱黄花鱼汁调味。

（3）制作白菜包、入坛　在小碗里铺2～3张白菜叶，并将拌好的泡菜放在上面，把香菇、生栗子、辣椒丝、松仁等放在上面，把白菜叶按顺序盖好，并装在坛子里。

（4）泡制　用酱黄花鱼头和酱黄花鱼骨头熬成汤后晾凉，放入5%的盐调味，放在阴凉处待其入味即可。

（5）装坛　入坛后，盖好坛盖，添足坛沿水，密封坛口。

（二）方法二

1. 原料配方

白菜12.5kg，章鱼1kg，萝卜1.5kg，水芹1.5kg，芥菜500g，大葱450g，小葱300g，梨300g，大蒜150g，辣椒粉60g，白糖50g，盐30g，黄石鱼450g，海蛎40g，松仁30g，石耳4个，栗子10个，红枣5个，生姜2块，辣椒丝适量。

2. 工艺流程

原料预处理→熬汤→调料→制作白菜包→入坛泡制→成品

3. 操作要点

（1）原料预处理　将白菜的大叶子掰下，用盐水腌。腌好后用凉水冲洗。将白菜叶放在纱网上去水分。白菜叶和萝卜切成薄块状。切好块以后用盐腌片刻。将水芹、小葱、大葱、大蒜、生姜、萝卜、芥菜、栗子、石耳、梨洗净；萝卜切块；栗子、梨去外皮，切片；石耳切成条；水芹、小葱、大葱、芥菜切段；大蒜、生姜切成末。将章鱼用盐搓洗，洗净后切成水芹段大小。将海蛎用盐水洗净，将黄石鱼肉切下。

（2）熬汤　往锅中倒入水煮黄石鱼骨和鱼头。洋葱切丝，倒入黄石鱼汤中一起煮，熬出浓汤后用纱布把渣去掉。

（3）调料　将腌好的白菜和萝卜切成块状，倒入加有辣椒粉的浓汤。放入萝卜、梨、水芹、小葱、栗子、大葱、蒜末、姜末、黄石鱼肉、海蛎、章鱼、白糖搅拌。

（4）制作白菜包　取一大口碗，铺好白菜。将搅拌好的白菜等摆放在上面。再放入松仁、辣椒丝、栗子、红枣。用最底层的白菜包好上面的料，注意里面的馅不要漏出来。

（5）入坛泡制　将包好的白菜包整齐摆放在缸中，倒入熬黄石鱼的汤和盐水，待食用的时候取出即可。腌制时间不要过久，因为白菜腌久了，会失去脆感，而且会过咸。馅料中放柿子、鲍鱼、香菇，味道会更好。

二、韩国芹菜应时泡菜

1. 原料配方

芹菜 1000g，水 600g，白萝卜 500g，梨 300g，葱 300g，红甜椒 100g，黄甜椒 100g，盐 70g，腌咸虾 15g，糖 20g，大蒜 30g，辣椒粉 10g，姜 5 片。

2. 工艺流程

原料整理→预腌泡制→入坛泡制→成品

3. 操作要点

（1）原料整理　将芹菜、白萝卜、红甜椒、黄甜椒洗净沥干后切好备用。葱切成段，大蒜切成末。将水烧开后晾凉放入盐制成盐水。

（2）预腌泡制　将芹菜、白萝卜、红甜椒、黄甜椒用盐水腌泡约 1 天后，将盐水过滤。各种用具要洗涤干净，不可有油污进入。

（3）入坛泡制　将腌咸虾、糖、辣椒粉等调味料搅拌均匀加入上述材料，再放入瓮中加盖冷藏腌制约 1 天，待入味即可食用，约可保存 1 周。

三、韩国石山芥菜泡菜

1. 原料配方

石山芥菜 2000g，盐 100g，水 1L，糯米粥 150g，干辣椒 50g，辣椒粉 40g，酱鳀鱼 30g，虾酱 30g，生姜 15g，蒜 25g，葱 50g，洋葱 150g，芝麻、辣椒、葱、胡萝卜、栗子适量。

2. 工艺流程

原料预处理→调料混合→腌制→成品

3. 操作要点

（1）原料预处理 挑新鲜石山芥菜，泡入 1L 溶有 100g 盐的水中，腌 1～2h 后除去水分。

（2）调料混合 将蒜、葱、生姜、洋葱、干辣椒捣碎，并与糯米粥、酱鳀鱼、虾酱混在一起作为混合作料。

（3）腌制 泡芥菜时抓一大把混合作料放在上面，大的芥菜折半后腌制，小的直接腌制。将炒过的芝麻，切成丝的辣椒、葱、胡萝卜和切成片的栗子，撒于芥菜中。2 天后即可为成品。

四、韩国柴鱼白菜卷泡菜

1. 原料配方

白菜 2000g，小黄瓜 1000g，葱 500g，盐 100g，柴鱼 80g，蒜末 50g，姜末 30g，辣椒粉 25g，芝麻油 10g，糖 40g。

2. 工艺流程

原料整理、腌制→制作白菜包→泡制→成品

3. 操作要点

（1）原料整理、腌制 将白菜洗净后，将叶片一片片剥下，彻底沥干水分，用一半的盐均匀撒于叶片上并与葱一起腌约 1 天。将白菜的盐水倒出并洗净备用，葱取出不用，小黄瓜全部洗净沥干后，用盐腌制后冷藏静置约 1 天，再对半切开备用。

（2）制作白菜包　将每片白菜叶放入半条小黄瓜，由硬叶茎处向叶尾卷起，固定住，所有的白菜叶及小黄瓜段都卷好备用。

（3）泡制　将葱末、蒜末、姜末、辣椒粉等调味料搅拌均匀，撒于已卷好的白菜卷上，冷藏腌渍2天使其入味，食用前取出切片即可，约可保存10天。注意腌制时间不要过久，因为白菜腌久了，会失去白菜的脆感，而且会太咸。

五、韩国糯米浆白菜泡菜

1. 原料配方

白菜2000g，水1500g，糯米浆150g，辣椒50g，盐50g，芹菜适量，葱适量，姜适量，蒜适量，糖少许。

2. 工艺流程

原料整理、搅拌→淋浆、装坛→成品

3. 操作要点

（1）原料整理、搅拌　将白菜对切后用盐水腌12h，取出洗净后沥干备用。将辣椒切细丝，其余材料切末，并加入糯米浆及糖等材料一起搅拌均匀备用。

（2）淋浆、入坛　将制备好的糯米浆等材料均匀淋到白菜叶上，再将其置于玻璃瓮或坛中，加盖后置于阴凉处或置于冰箱内冷藏，切勿照射日光，使其自然发酵即可，5～7天后即可取出食用，约可保存2周。

六、韩国油菜花菇蕈泡菜

1. 原料配方

油菜花200g，味精40g，盐30g，珍珠菇30g，玉蕈30g，小草菇20g，香油3g。

2. 工艺流程

原料整理→热烫→冷藏腌渍→成品

3. 操作要点

（1）原料整理 将材料洗净，分别沥干备用。

（2）热烫 热水中加少许盐（额外），将所有材料入锅热烫约10s，捞起冲凉后沥干水分备用。

（3）冷藏腌渍 将上述材料与所有调味料一起拌匀置于容器中，加盖冷藏腌渍约半天以上即可食用，冷藏约可保存10天。

七、韩国臭豆腐专用泡菜

1. 原料配方

高丽菜500g，胡萝卜100g，盐60g，白醋1000g，糖90g。

2. 工艺流程

原料整理→预腌渍→糖醋汁制备→腌渍→成品

3. 操作要点

（1）原料整理 用尖刀将高丽菜菜心部分挖除，即可将菜叶一片片取下，洗净后彻底沥干水分备用。胡萝卜洗净并切丝备用。

（2）预腌渍 将每片高丽菜用手撕成3～4小片，再均匀撒上盐使其自然软化出水，2～3h后即可将盐水倒掉。

（3）糖醋汁制备 将白醋1000g、糖90g混合拌匀即为糖醋汁。

（4）腌渍 将高丽菜、胡萝卜丝及糖醋汁一起混合均匀，置于阴凉处或冷藏腌渍约1天后即可食用。腌渍期间需翻动多次以使入味均匀，冷藏约可保存2周。

此菜风味独特，甜酸适口。与臭豆腐一同食用。

八、韩式什锦泡菜

1. 原料配方

白菜6000g，白萝卜1500g，葱500g，粗盐200g，雪梨50g，姜末50g，蒜末50g，韩国卤虾酱30g，芹菜30g，洋葱30g，松仁

30g，辣椒粉 10g，芝麻适量。

2. 工艺流程

原料整理→预腌制→材料混合→腌制→成品

3. 操作要点

（1）原料整理　将白菜洗净，切成两半。白萝卜、雪梨洗净切成片。葱和芹菜洗净切成段。洋葱洗净切成粒。

（2）预腌制　在白菜叶片之间均匀地撒上粗盐，放在室温下腌 4h。

（3）材料混合　把白萝卜、雪梨、葱放在大碗内与蒜末、姜末、辣椒粉混合，然后放入韩国卤虾酱、芹菜、洋葱粒等拌匀。试一试味，若味道不够，可酌量加入辣椒粉及盐。

（4）腌制　将腌料均匀地铺在白菜叶片中间，然后将叶片收起呈半圆状，若当日食用，放在室温的大碗内腌制半日即可。

第四节　韩国根茎类泡菜

一、韩国双丝泡菜

1. 原料配方

白萝卜 250g，海带芽（干货）30g，盐 40g，白醋 30g，白糖 60g，姜丝 10g。

2. 工艺流程

整理、切丝→软化→拌匀→装坛泡制→成品

3. 操作要点

（1）整理、切丝　将海带芽泡水膨胀后捞出备用。白萝卜洗净去皮切丝，也可以用网目较粗的刨丝器刨丝。

（2）软化　把一半调味料和萝卜丝充分拌匀，静置 0.5～1 天，使萝卜丝软化出水。

（3）拌匀　滤除萝卜丝渗出的调味料汁，将萝卜丝和海带芽拌匀。

（4）装坛泡制　最后加入另一半调味料搅拌均匀，放入容器中加盖，泡制一天后即可食用。

二、韩国人参水泡菜

1. 原料配方

白萝卜1000g，小黄瓜500g，红萝卜100g，白菜1kg，芹菜500g，葱200g，大蒜30g，人参须20g，盐100g，水1800g，白糖适量。

2. 工艺流程

原料预处理→调制、泡制→成品

3. 操作要点

（1）原料预处理　将白萝卜、小黄瓜、红萝卜、白菜洗净、沥干，白萝卜切块，小黄瓜、红萝卜切片，用盐腌过后再加入1500g水。人参须洗净后用300g水浸泡备用。

（2）调制、泡制　将芹菜、葱、大蒜分别洗净、沥干，芹菜和葱切成段，大蒜切成末，加入上述材料及白糖一起混合均匀，冷藏泡制3天以上，入味即可食用。

三、韩国辣萝卜泡菜

1. 原料配方

白萝卜500g，盐30g，姜丝100g，辣椒粉25g，白糖50g，花椒粉、八角粉少许。

2. 工艺流程

整理、切块→盐腌→调料混合→装坛→泡制→成品

3. 操作要点

（1）整理、切块、盐腌　首先将白萝卜洗净，去头去尾，

切成 2cm 的方块。白萝卜晾晒要达到稍软的程度,产品质地才会脆嫩。加入盐腌渍约半天,再将盐水滤去备用。

(2) 调料混合、装坛 将姜丝、白糖、辣椒粉、花椒粉和八角粉等调料与晾干的白萝卜拌匀,装入坛中,加入适量的盐水,密封坛口。白萝卜入坛后,要用篾片卡紧,盖好坛盖,添足坛沿水,密封坛口,产品才不易变质。

(3) 泡制 浸泡 15 天左右即可取出食用。

四、韩国柳橙萝卜泡菜

1. 原料配方

白萝卜 500g,柳橙 300g,盐 30g,白糖 40g。

2. 工艺流程

原料预处理→调制→泡制→成品

3. 操作要点

(1) 原料预处理 将白萝卜洗净沥干去皮,切成长 6cm、宽 0.5cm 的长条状,接着加入盐搅拌均匀腌渍约半天,再将盐水滤除沥干备用。将柳橙洗净沥干,以刮皮刀刨下部分黄色表皮,再切丝成 20g 备用,再将柳橙对切、压汁、去籽备用。

(2) 调制 将柳橙汁加入白糖拌匀溶解备用。

(3) 泡制 将白萝卜条及柳橙汁一起拌匀,腌渍约半天即可食用,其间需翻动多次使入味均匀。储藏过程中注意密封,翻动时采用干净无油污的筷子,以防污染。本泡菜冰凉后食用风味更佳,冷藏可保存 7～10 天。

五、韩国小白萝卜泡菜

1. 原料配方

小白萝卜 10kg,葱 500g,水 1800g,大蒜末 100g,盐 150g,辣椒酱 80g,姜末 30g,糖适量。

2. 工艺流程

原料预处理→调制→密封冷藏→成品

3. 操作要点

（1）原料预处理 将小白萝卜（带叶茎部分）及葱洗净，彻底沥干水分后，用盐水（1/2 杯盐溶于 6 杯水）腌渍 1～2 天备用。将大蒜末、姜末及辣椒酱搅拌均匀。

（2）调制 将腌好的白萝卜洗去盐分后沥干，置于干净无水的容器中，再把糖、盐、水倒入即可。

（3）密封冷藏 容器加盖密封，置于冰箱冷藏 3～5 天待其入味即可食用。

六、韩国牡蛎萝卜块泡菜

1. 原料配方

萝卜 2kg，生牡蛎 300g，水芹菜 200g，盐 120g，葱 100g，白糖 80g，辣椒粉 50g，蒜 30g，生姜 20g，虾酱汤 30g，辣椒丝少量。

2. 工艺流程

原料预处理→调制、发酵→成品

3. 操作要点

（1）原料预处理 把萝卜切成长 3cm、宽 2cm、厚 1.5cm 大小的块，并用辣椒粉浸成红色。捣烂生姜、葱、蒜，并把水芹菜切成 3cm 大小的段。生牡蛎去壳后，用盐水洗净。

（2）调制、发酵 在萝卜里放蒜、生姜、葱、水芹菜拌匀后，混合牡蛎、白糖、辣椒丝并以虾酱汤和盐调味，发酵 1 天后即可食用。

七、韩国鳞片辣萝卜泡菜

1. 原料配方

白萝卜 500g，白菜 50g，葱（切段）400g，大蒜（切末）20g，姜（切末）20g，盐 100g，水 900g，辣椒粉 15g，腌咸虾 10g。

2. 工艺流程

原料预处理→调制、泡制→成品

3. 操作要点

（1）原料预处理 将材料洗净沥干后切好备用，用盐水腌泡约 1 天后，将盐水过滤去除。

（2）调制、泡制 将腌咸虾、糖、辣椒粉搅拌均匀加入到上述材料中，再放入瓮中加盖冷藏泡制约 1 天，待其自然发酵、入味后即可食用。

第五节　韩国果菜类泡菜

一、韩国黄瓜泡菜

1. 原料配方

黄瓜（最好选小嫩青瓜）1500g，姜末 10g，辣椒粉 20g，食盐 80g，葱末 30g，白糖 30g，蒜泥 30g，虾酱 15g。

2. 工艺流程

原料预处理→盐腌→虾酱糊调制→涂抹虾酱糊→码坛→泡制→成品

3. 操作要点

（1）原料预处理 先将黄瓜用食盐搓洗干净，切成 7cm 长的段条。不足 7cm 的部分，去掉皮剖两瓣，切成 1cm 厚的小条，再把 7cm 长的段按十字线从两头相对剖口，但都不剖到底而保持整体不断开。

（2）盐腌 将处理好的黄瓜铺在泡菜坛的底层，然后取 20g 食盐腌制。

（3）虾酱糊调制 把辣椒粉和葱末、蒜泥、姜末、白糖、食盐、捣碎的虾酱糊放在一起搅拌均匀，成辣甜虾酱糊。

（4）涂抹虾酱糊 将腌过的黄瓜挤出水分，并在刀口内涂抹辣甜虾酱糊。

（5）码坛 把葱的绿色部分铺进坛底，撒少许食盐，再把填好料的黄瓜密实地码进去。泡坛水应当完全淹没菜体，保持坛沿水不干。

（6）泡制 将剩余的辣甜虾酱糊和腌黄瓜的盐水泼在上边，加盖，添足坛沿水，存放1天，待其自然发酵后便可食用。

二、韩国茄子泡菜

1. 原料配方

（1）主料 茄子2000g。

（2）盐水 水600g，粗盐40g。

（3）作料馅 小葱花10g，辣椒粉10g，蒜泥5g，白糖30g，姜末5g，炒盐20g。

（4）泡菜汤 水300g，炒盐5g，白糖10g。

2. 工艺流程

原料整理→填作料馅→发酵→成品

3. 操作要点

（1）原料整理 茄子洗净后沥干水分，切成6～7cm长的段。把茄子从中间向两端深切一刀，在滚开的盐水里焯一下立即捞出，放到凉水里冷却后用重物压实，待用。秋天茄子有甜味，采用秋茄子做此泡菜更好吃。

（2）填作料馅 用小葱花、蒜泥、姜末、白糖、炒盐、辣椒粉拌成作料馅后填满茄子刀口。

（3）发酵 将填完作料馅的茄子用手握紧后整齐码在泡菜盒里。用水、炒盐和白糖调好泡菜汤，倒进泡菜盒里，在阴凉处放3～4h。

三、韩国水梨辣泡菜

1. 原料配方

水梨（切片）100g，糖10g，芹菜（切段）60g，白醋40g，胡萝卜丝30g，辣椒酱40g，盐10g，水25g。

2. 工艺流程

原料整理→预腌泡→二次腌泡→冷藏→成品

3. 操作要点

（1）原料整理　将水梨洗净，彻底沥干后切成 8 片，去核去蒂。

（2）预腌泡　将处理好的水梨与芹菜及胡萝卜丝一同加入 5g 盐搅拌均匀，腌泡 1 天使其自然软化后，再倒除 1/2 分量的盐水备用。

（3）二次腌泡　将盐 5g、糖 10g、白醋 40g、辣椒酱 40g、水 25g 加入上述材料中腌制 12h，其间必须多次翻动使其入味。

（4）冷藏　放入容器中冷藏 1～2 天入味，食用前再取出即可，可保存 1～2 周。

四、韩国西瓜皮泡菜

1. 原料配方

西瓜皮 300kg，海蜇皮 150kg，盐 2.5kg，香油 5kg，辣椒丝 2kg，糖 10kg，葱丝 1.5kg。

2. 工艺流程

海蜇皮整理→西瓜皮整理→拌料腌制→成品

3. 操作要点

（1）海蜇皮整理　将海蜇皮切丝并对切，用水洗净多次后，泡 2min 去咸味，以清水再洗一次后，捞起沥干水分备用。

（2）西瓜皮整理　西瓜皮先洗净去除外皮青色部分及白皮内

绵囊部后，再切成 0.5cm 厚的长条，用食盐腌 15min，西瓜皮软化出水后，再挤干水分备用。

（3）拌料腌制　将所有材料加入调味料拌匀后，腌约 20min，西瓜皮泡菜即可食用。

五、韩国苹果柠檬泡菜

1. 原料配方

青苹果 2000g，冷开水 300g，柠檬 200g，糖 40g，盐 10g，白醋 5g。

2. 工艺流程

盐水制备→苹果整理、腌渍→柠檬整理→泡制→成品

3. 操作要点

（1）盐水制备　将盐加入冷开水溶解成为盐水备用。

（2）苹果整理、腌渍　将青苹果洗净沥干，每个切成 16 小块，加入溶解好的盐水拌匀，腌渍约 15min 后将盐水滤除。

（3）柠檬整理　将柠檬洗净，切成 0.3cm 薄片备用。

（4）泡制　将柠檬、青苹果和糖、白醋一起拌匀，腌渍约半天，待入味均匀后即可食用。

第七章
泡菜保藏及质量控制

第一节　泡菜加工质量控制

一、泡菜护色措施

1. 低温、避光贮运、销售

低温（0～10℃）可以有效地抑制多酚氧化酶（PPO）的活性，降低羰氨缩合反应的速度，从而能有效地延缓泡菜的酶促褐变和非酶促褐变，抑制泡菜色泽的由浅到深，由褐到黑的变化；避光可避免因光线引起色素的分解，控制泡菜色泽的劣变；低温还可以有效地抑制微生物（特别是腐败微生物）的生长繁殖，从而保证泡菜产品质量。

所以，提倡泡菜低温（0～10℃）和避光贮运，冷链（0～10℃）销售。

2. （绿）色泽的保持

（1）用碱性水浸泡蔬菜　新鲜的蔬菜在初次泡渍时，先用微碱性水溶液浸泡，因叶绿素在酸性环境中很不稳定，而在碱性溶液中则比较稳定，而碱性物质能将叶绿素的酯基碱化，生成叶绿酸盐，所生成的叶绿酸盐维持了原来的共轭体系不受破坏，所以能保持绿色。根据这个道理，泡制前把蔬菜浸泡在含有适当的石灰乳、碳酸钠或碳酸镁的溶液中，浸泡到发生泡沫时取出。但碳酸钠能促使蔬菜细胞壁中的果胶水解，如用量过大会使蔬菜组织变"软"，石灰乳用量过大会使蔬菜组织发"韧"，而使用碳酸镁比较安全，用量一般为蔬菜重量的 0.1%。有的地方在泡渍黄瓜时，先把黄瓜在井水中浸一下，然后泡渍，就是这个道理，井水一般呈微碱性（pH 7.4～8.3），有利于黄瓜的绿色的保持。此外，碱性水还可以中和蔬菜中的酸性物质，从而有利于绿色的保持。

（2）热、冷处理 为了保持泡菜的绿色，也可以在绿色蔬菜加工前，用热处理的方法使叶绿素水解酶失去活性来保持绿色。热处理时常用 60～70℃ 的热水进行（烫漂），处理后，蔬菜组织中的氧气明显减少，氧化的可能性减少，使制品仍能保持绿色。烫漂可减少组织中相当数量的有机酸，从而减少叶绿素与酸作用，防止叶绿素脱镁失去绿色。烫漂的水最好用中性或微碱性，这样更有利于蔬菜保持原有的绿色。烫漂的温度不能过高，时间不能过长，否则绿色就会消失，或生成脱镁叶绿素。西式泡菜一般要进行短暂的热处理，有利于产品的护色。

对于袋装、罐装的泡菜，常采用巴氏杀菌法，切忌温度过高或时间过长，而且加热杀菌后，应立即将产品冷却降温，使之尽快脱离高温环境，保证叶绿素不被破坏。冷处理是利用非热力杀菌方式杀灭微生物及酶，杀菌温度为常温（室温），对泡菜色泽的保持非常有利。

（3）护色（绿）剂处理 目前，市售的护色剂较多，多数是护绿和防止褐变类的护色产品。护绿的主要成分是硫酸铜、硫酸锌、醋酸锌、叶绿素铜钠等，此外还有维生素 C、EDTA（乙二胺四乙酸钠）、亚硫酸钠、柠檬酸等成分。

（4）护色保脆同时处理 在泡菜生产加工、贮运、销售过程中，产品的色变和脆变有时是同时发生的，有时要分先后，即不同时发生。把保脆和护色结合起来统筹考虑，护色剂和保脆剂同时使用（当然有先护色后保脆或先保脆后护色的）较方便。护色保脆剂配方如下。

① 配方 1 醋酸锌 0.01%～0.03%，硫酸铜 0.01%～0.02%，亚硫酸钠 0.001%～0.005%，植酸 0.01%～0.05%，氯化钙 0.05%～0.1%。

② 配方 2 醋酸锌 0.02%～0.03%，硫酸铜 0.005%～0.01%，亚

硫酸钠 0.001％～0.005％，氯化钙 0.05％～0.1％。

③ 配方 3　亚硫酸钠 0.005％，柠檬酸 0.1％，异抗坏血酸钠 0.1％，EDTA 0.02％。

④ 配方 4　曲酸 0.01％～0.05％，异抗坏血酸钠 0.05％～0.1％，植酸 0.01％～0.05％，山梨酸钾 0.02％～0.05％。

⑤ 配方 5　氯化钙 0.05％～0.1％，柠檬酸 0.05％～0.2％，异抗坏血酸钠 0.05％～0.1％，脱氢醋酸钠 0.01％～0.03％。

⑥ 配方 6　植酸 0.01％～0.03％，曲酸 0.01％～0.05％，山梨酸钾 0.02％～0.05％，乳酸钙 0.1％～0.5％。

(5) **提高食盐用量**　高浓度（15％以上）食盐溶液，可有效地抑制微生物的生长繁殖和褐变的发生，又能抑制蔬菜的呼吸作用，可起到护色（护绿）的作用。例如，黄瓜、豇豆的盐渍，用盐量达到 20％时，能保持绿色。但食盐用量过高，会影响泡渍产品的质量和出品率，还浪费食盐。

此外，在新鲜蔬菜盐渍时及时进行翻池倒菜等措施均有利于护色（绿）。

3. 褐变的防止

(1) **蔬菜原料的选择**　我国蔬菜品种繁多，各品种成分的含量也不同，在选择泡菜原料时，应选含干物质含量较高、酚类物质含量较低（即不易褐变）、耐贮运的品种。另外，蔬菜的成熟度对褐变也有直接的影响。

(2) **降低 pH**　降低 pH，即增加酸性可有效地防止褐变的产生，因为酸性介质可以抑制多酚氧化酶的活性，而且糖在碱性介质中更容易分解，由糖类参与的羰氨缩合反应也比较容易进行，所以控制泡渍液的 pH 3～4 之间，可以抑制褐变速度。

(3) **热、冷处理**　生物酶是一种具有催化作用的蛋白质，在一定温度下即可使蛋白质凝固而使酶失去活性，多酚氧化酶也不例外。氧化酶在 71～73℃，过氧化酶在 90～100℃的温度下均可遭到破坏，因此，采用沸水烫漂或蒸汽等热处理可抑制或破坏氧化酶的活性，从而有效地防止泡菜的褐变。

冷处理是利用非热力杀菌方式，例如，辐照、超高压灭菌（UHP）技术，在常温（室温）下杀灭微生物及对酶灭活，达到抑制或破坏多酚氧化酶的目的而防止泡菜的褐变。

（4）褐变抑制剂处理　褐变抑制剂即护色剂，目前市售的较多，多数是由柠檬酸、醋酸、植酸等有机酸和维生素 C、脱氢醋酸钠、亚硫酸钠、EDTA 等成分组成，此外有的还使用曲酸、乳酸钙、山梨酸钾等成分。可在盐渍或预泡渍或用热处理（烫漂）蔬菜时，加入适量的褐变抑制剂护色。

此外，低温（0～10℃）和避光贮运、销售，真空包装隔氧等都可以抑制褐变。

4. 利用着色剂

根据泡菜生产加工的需要，有些泡菜产品的色泽（例如浅色蔬菜原料的泡菜）可用色素来调配，着色剂若使用得当，则泡菜产品色泽自然，起到事半功倍的效果。

着色剂色素可分为两种：一种为天然色素，安全，但价格高，易褪色，例如辣椒红、叶绿素、姜黄等，天然色素是今后使用的方向和重点；另一种为合成色素，价格低，不易褪色，例如果绿、柠檬黄等。色素的使用须严格按照 GB 2760—2007 规定的范围量使用。

二、泡菜保脆措施

1. 蔬菜原料的选择

利用我国丰富的蔬菜品种，在选择泡菜原料时，选择含干物质含量较高、组织致密、脆性较好且耐贮运的品种。蔬菜的成熟度直接影响泡菜的脆度：成熟过度，纤维化重，俗称"布筋"多，不能做泡菜；相反若未成熟，则组织不致密，水分重，过嫩，也不能做泡菜。另外，在泡渍前需挑选出受过机械伤的蔬菜。

2. 低温贮运、销售

低温（0～10℃）可以有效地抑制原果胶酶和果胶酶的活性，降低生物化学反应而导致纤维果胶水解的速度，从而能有效地延缓泡菜的脆性劣变。

3. 提高食盐用量

高浓度（15%以上）食盐溶液，可有效地抑制微生物（特别是腐败微生物）的生长繁殖，又能抑制蔬菜的呼吸作用而减少营养物质的损耗，可起到保脆的作用。

4. 保脆剂处理

蔬菜中的原果胶物质在原果胶酶、果胶酶的作用下，生成果胶酸，利用果胶酸与钙、铝离子结合生成果胶酸钙、果胶酸铝等盐类而硬化蔬菜组织、交织纤维细胞间隙，故添加钙盐而使泡菜产品保持脆性。保脆剂主要成分是钙盐类，有氯化钙、硫酸钙、柠檬酸钙、乳酸钙、葡萄糖酸钙、石灰等，钙盐也经常与明矾一起使用。

三、控制亚硝酸盐措施

蔬菜在生长过程中吸收土壤中的氮素肥料，生成硝酸盐，在一些细菌还原酶的作用下，硝酸盐被还原成亚硝酸盐，在进入人体血液后，就将血液中正常的血红蛋白氧化成高铁血红蛋白，大大地减弱了正常血红蛋白携带和释放氧气的功能，从而引起中毒。亚硝酸盐与胺合成的亚硝基胺，对动物有致癌作用，对人的身体健康存在隐患。

泡菜中一般都含有亚硝酸盐，其含量与泡制方式、泡制时间、食盐浓度、温度状况、生物污染等因素有关，但是主要原因是蔬菜在生长过程中吸收土壤中的氮素肥料，生成硝酸盐，再由于细菌还原酶的作用生成亚硝酸盐。

目前制作泡菜主要利用蔬菜中自然带入的乳酸菌发酵，必然与一些有害菌共存。在腌制初期，乳酸菌大量繁殖，有害细菌生长也相应加强，亚硝酸盐的含量上升。随着乳酸发酵的旺盛进行，酸度上升，有害细菌受到抑制，硝酸盐的还原减弱，生成的亚硝酸盐被进一步还原和被酸性分解破坏，使亚硝酸盐含量逐渐下降。

防止亚硝酸盐和亚硝基胺生成的措施如下。

1. 注意原料的选择和处理

用于制作泡菜的原料，一般应选用成熟而新鲜的蔬菜，幼嫩的蔬菜含有较多的硝酸盐，不新鲜或腐烂的蔬菜含有较多的亚硝酸盐。准备腌制的蔬菜不能久放，更不能堆积。蔬菜在加工前经过水洗、晾晒可以显著降低亚硝酸盐的含量。如选用已含亚硝酸盐的大白菜，日晒 3 天后，亚硝酸盐几乎完全消失。

2. 注意生产工具、容器以及环境卫生

生产工具、容器要彻底消毒灭菌，减少有害微生物污染的机会。

3. 食盐用量适当

在泡制蔬菜时，用盐太少会使亚硝酸盐含量增多，而且产生速度加快。为了减少亚硝酸盐的产生，用盐量最好在 12%～15%，此时，大部分腐败细菌不能繁殖，产生的亚硝酸盐也就少。最低用盐量一般不能低于蔬菜重量的 10%。

4. 加盖密封，保持厌氧环境

因乳酸发酵属于厌氧发酵，在厌氧的环境下，乳酸发酵能正常进行，而有害细菌则受到抑制。

5. 适当提高温度

在泡制初期适当提高温度（不超过 20% 为宜），可以迅速形成较强的酸性环境，有利于抑制有害细菌的生长和促进分解部分亚硝酸盐。当发酵旺盛时，再将温度迅速降低至 10℃左右。

6. 不轻易打捞及搅动

在泡菜过程中，如菜卤表面生霉，不要轻易打捞，更不要搅动，以免下沉导致泡菜腐败，待出厂或食用时打捞并尽快售完。

7. 经常检查泡菜水的 pH

一旦发现 pH 上升，要迅速处理，不能再继续贮存。

8. 泡菜用水的水质要符合国家卫生标准要求

含有亚硝酸盐的水绝对不能用来泡菜。

第二节　泡菜的腐败与保藏

一、泡菜腐败原因

泡菜腐坏通常是几个因素的综合影响，基本可以归纳为微生物、物理和化学三个方面的因素。

1. 微生物因素

微生物引起的腐败主要是好气性菌和耐盐性菌的作用，同时空气的存在又进一步促进了腐败。蔬菜在食盐溶液中渍制时，在高食盐溶液中基本不发生微生物的发酵作用或只有弱发酵作用，而在低、中浓度的食盐溶液中，由菜体带入或空气中侵入的有益微生物（乳酸菌等）进行乳酸发酵，同时有害微生物（丁酸菌、有害酵母、霉菌等）会导致出现长膜、生霉与腐败等现象。

2. 物理性败坏

造成泡菜败坏的物理因素有菜体、加工设备、工具的清洁度等，但主要是光线和温度。泡菜在加工或贮藏期间如果经常受阳光的照射，会促进原料菜、半成品或成品菜中的生物化学作用的进行，造成营养成分的分解，引起变色、变味和维生素 C 的氧化破坏，而且强太阳光会引起温度升高。温度过高会引起各种化学和生物的变化，水分蒸发，增加挥发性风味的损失，使泡菜的成分、重量和外观、风味都发生变化。而过度的低温如形成冰冻的温度，将会使泡菜的质地发生变化。

3. 化学性败坏

各种化学变化如氧化、还原、分解、化合等都可以使泡菜发生不同程度的败坏。例如在贮藏期间，蔬菜长时间暴露在空气中与氧接触，或与铁质容器和用具接触，都会发生或促进氧化变色，使蔬菜变黑；在酸性条件下的失绿，以及酶促褐变、非酶促褐变等化学变化引起变色；温度过高引起蛋白质分解生成硫化氢等生物化学变化，都会使泡菜变质、变色甚至败坏。

二、泡菜防腐措施

为了可以长期贮藏泡菜，主要应控制泡菜的贮藏条件，防止有害微生物的侵染及抑制其生长繁殖，同时隔绝空气，避免光照，以防止产品变色和维生素的损失。

1. 利用渗透压贮藏

有害微生物的细胞具有一定的渗透压，一般在 $350\sim1150kPa$ 之间。当微生物细胞外部的渗透压大于细胞内的渗透压时，细胞内的水分会迅速向外渗透，细胞质收缩，使微生物细胞的新陈代谢受到影响，甚至使细胞停止活动直至死亡，达到贮藏目的。

1% 的食盐溶液可产生 $760kPa$ 的渗透压，如果食盐含量为 5%，则可产生 $3500kPa$ 的渗透压，能极大地抑制腐败微生物的生长繁殖。葡萄糖、蔗糖和酒精等也具有较高的渗透压，例如在泡菜中加入适量的酒精，既可以达到保鲜贮藏的目的，又可以增加产品的风味。

2. 利用食盐贮藏

当食盐溶液的渗透压大于微生物细胞的渗透压时，细胞内的水分就会向外渗出而使细胞脱水，最后导致原生质和细胞壁发生质壁分离，迫使其生理代谢活动处于假死或休眠状态，细胞停止生长繁殖或者死亡。食盐溶液中氯化钠是较强的电解质，能迅速地渗入蔬菜细胞内，抑制蔬菜细胞的呼吸作用和生命活动。

泡菜制品中食盐浓度较低时，易产生微生物败坏，适当提高食盐浓度可使其防腐能力增强。但过高的食盐浓度会抑制乳酸发酵，并可使制品味感苦咸，甚至无法食用。

3. 利用酸贮藏

现在减盐增酸已成为泡菜发展的趋势。在泡菜中常添加的有机酸有冰醋酸、乳酸、柠檬酸、苹果酸、琥珀酸、酒石酸等。酸味料能降低渍制液的 pH 值，抑制微生物的生长繁殖，对泡菜贮存极为有利。

4. 利用微生物贮藏

在酱腌泡菜的加工贮藏过程中，可用有益微生物的发酵作用来抑制有害微生物的生长繁殖。拮抗关系就是一种微生物能产生不利于另一种微生物生存的代谢产物，这些代谢产物能改变另一种微生物的生长环境，以造成另一种微生物不适合生长的环境，甚至干扰微生物的代谢作用，抑制其生长繁殖。例如乳酸菌和有益酵母菌对其他有害微生物有拮抗关系。

5. 利用香辛料和调味品贮藏

泡菜加工时，常常加入一些香料和调味品，如大蒜、生姜、醋、酱液等，它们不但起着调味作用，而且还具有不同程度的防腐能力。

6. 真空包装灭菌贮藏

良好的包装可以隔绝外界的有害影响，保持泡菜的风味，延长其保质期。随着人民生活水平的不断提高，泡菜的小包装形式越来越受欢迎。小包装泡菜是将各种泡菜成品装入复合塑料薄膜袋、金属罐或玻璃瓶内，经过排气、密封、杀菌、冷却等工序，加工制成可较长时期保存的泡菜制品。

7. 低温贮藏

低温是防止腐败微生物生长繁殖、贮存食物最有效和最安全的方法之一。泡菜一般放在通风阴凉处，以 20℃ 以下为好，尤其夏天不能让日光曝晒，在 25℃ 以上 2～3 天就会变酸。低盐化泡菜更离不开低温贮运和销售，但温度以 0～10℃为宜，温度太低制品要结冰反而会影响质量。

8. 加入防腐剂

虽然食盐和酸度能够抑制某些微生物和酶的活动，但其作用是有限的。例如完全抑制微生物的活动，盐分要高达 25％以上，钝化过氧化酶食盐浓度要在 20％以上，霉菌、酵母能忍受 pH 值为 1.2～2.5 的酸度。有些调味料如大蒜、芥子油等虽具有杀菌防腐能力，但因使用情况而有局限性。因此，为了弥补自然防腐的不足，在大规模生产中常常加入一些防腐剂以减少制品的败坏。

食品防腐剂是一种能抑制微生物活动，防止食品腐败变质，从而延长食品的保质期，对人体无（少）危害或尚未发现危害、安全性高的化学物质。我国目前允许用于泡菜的防腐剂有两种：苯甲酸及其钠盐；山梨酸及其钾盐。

参 考 文 献

[1] 于新.酱腌泡菜加工技术与配方.北京：中国纺织出版社，2011.

[2] 李瑜.泡菜配方与工艺.北京：化学工业出版社，2008.

[3] 李瑜.酱腌菜泡菜加工技术.北京：化学工业出版社，2010.

[4] 《四川泡菜大全》编写组.四川泡菜大全.成都：四川科学技术出版社，2007.

[5] 陈功.中国泡菜加工技术.北京：中国轻工业出版社，2011.

[6] 吉美贞.韩国泡菜.北京：中国社会科学出版社，2012.

[7] 张新昌.酱腌菜食品包装.北京：化学工业出版社，2005.

[8] 中国就业培训指导中心.酱腌菜制作工.北京：中国劳动社会保障出版社，2007.

[9] 张文玉.腌菜酱菜制品627例.北京：科学技术文献出版社，2003.